지은이 **이재혁**

한양대학교 응용미술교육과를 졸업했으나 교육에는 딱히 흥미가 생기지 않아 가위와 칼을 들고 페이퍼 아티스트가 됐습니다. 디지털 시대, 각종 스마트 기기에 밀려 언젠가 사라질 것이라는 이야기를 맨날 듣는 종이로 사라져 가는 동물을 만듭니다. 동물의 행복을 바라면서 요즘은 서식지외보전기관과 일하며 환경과 생태도 공부합니다.
좋아하는 동물은 오리너구리와 가시두더지, 키위입니다. 그리고 원숭이와 주머니쥐(어포섬)를 무서워합니다.

프로필을 그려 주신
말미잘 작가님께
스페셜 땡쓰

"Here's a letter, here's a letter. For you, for you."

북디자인_ALL 박은영

"Here's a letter, here's a letter. For you, for you."

편지가 왔어요

일러두기

- 멸종 위기에 처한 전 세계 동물 가운데, 특히 우리에게 멸종 위기 동물의 현실을 잘 전해 줄 수 있는 103종을 골라 실었습니다.

- 각 동물 이름은 국명이 있으면 그대로 표기하고, 없으면 영어명을 임의로 번역하거나 그대로 옮겨 표기했습니다.

- 각 종은 적색목록을 바탕으로, 최소관심(LC)–준위협(NT)–취약(VU)–위기(EN)–위급(CR)–야생절멸(EW)–절멸(EX) 순으로 놓았습니다.

  - **최소관심(LC, Least Concern)**: 현재 멸종 위기 범주에 도달할 가능성은 낮지만, 미래에 멸종될 가능성이 전혀 없다고는 볼 수 없음
  - **준위협(NT, Near Threatened)**: 가까운 장래에 멸종 위기에 처할 가능성이 있음
  - **취약(VU, Vulnerable)**: 적색목록 멸종 위기 기준 5가지 중 하나 이상을 충족하며, 인간이 개입하지 않으면 인간 때문에 야생에서 멸종될 가능성이 높음
  - **위기(EN, Endangered)**: 멸종 위기 기준 5가지 기준 모두 충족하며 야생에서 멸종될 가능성이 높음
  - **위급(CR, Critically Endangered)**: 야생에서 멸종될 가능성이 극도로 높음
  - **야생절멸(EW, Extinct in the Wild)**: 야생에서는 절멸했고 보호 시설 또는 원래 서식지가 아닌 곳에서 보호받는 개체만 남아 있음
  - **절멸(EX, Extinct)**: 야생, 보호 시설 어디에도 살아남은 개체가 없음

적색목록(Red List)

세계자연보전연맹(IUCN)에서 야생 생물을 멸종 위험 단계별로 평가한 목록입니다. 1964년부터 시작해 2022년 기준 14만 7,517종을 평가했으며, 그중 4만 1,459종이 멸종 위기에 처했습니다. 하지만 모든 멸종 위기종이 적색목록 위기(EN) 이상 범주에 속하지는 않습니다. 전 세계를 대상으로 평가하는 '세계적색목록'과 지역(나라) 단위에서 평가하는 '지역적색목록'이 있습니다. 그러므로 같은 종일지라도 세계적색목록과 지역적색목록 단계가 일치하지 않을 수도 있습니다. 이 책에 실은 동물의 평가 단계는 큰 틀에서 세계적색목록을 따랐으나, 일부 종(붉은점모시나비, 여울마자)은 지역적색목록을 따랐습니다.

www.iucnredlist.org

기억도감 _2

멸종 위기 동물이 인간에게 보내는

편지가 왔어요

펴낸날	2022년 8월 25일 초판 1쇄
	2023년 10월 25일 초판 3쇄
지은이	이재혁
펴낸이	조영권
만든이	노인향
꾸민이	ALL contents group
펴낸곳	자연과생태
등록	2007년 11월 2일 (제2022-000115호)
주소	경기도 파주시 광인사길 91, 2층
전화	031-955-1607 팩스 0503-8379-2657
이메일	econature@naver.com
블로그	blog.naver.com/econature
ISBN	979-11-6450-050-5 03490

이재혁 ⓒ 2022

기억도감_2

멸종 위기 동물이 인간에게 보내는

편지가 왔어요

"Here's a letter, here's a letter.

For you, for you."

이
재
혁
지
음

자연과생태

멕시코 화산섬 과달루페에 살던 과달루페바다제비(*Hydrobates macrodactylus*)를 관찰한 과학자들은 과달루페바다제비의 울음소리가 마치 이렇게 들린다고 기록했어요.

"Here's a letter, here's a letter. For you, for you."
"편지가 왔어요. 편지가 왔어요. 당신에게. 당신에게."

하지만 그 편지는 더 이상 전해지지 않죠. 과달루페바다제비는 1912년 마지막으로 기록된 이후 현재까지도 발견되지 않아 멸종한 것으로 보이기 때문이에요. 어미 과달루페바다제비가 자식에게 보내던 편지는 이제 그 누구도 받을 수 없고 답장을 보낼 수도 없게 됐지요. 이 이야기를 알고 제가 느낀 감정은 멸종위기 동물의 편지를 대신 쓰는 작업으로 이어졌어요. 지금도 수많은 동물이 자기는 알지 못하는 이유로 사라지고 있어요. 동물은 묻고 싶지 않을까요? 자기가 살아가던 땅에서 왜 쫓겨나야 하는지, 인간은 왜 숲을 불태우고 나무를 잘라내는지, 인간이 왜 동물을 미워하며 폭력을 행사하고 총을 겨누는지 말예요. 그리고 우리는 그들이 모두 사라지기 전에 그 물음에 답해야 하지 않을까요?

동물을 왜 보호해야 할까요? 어떤 사람들은 멸종 위기종을 보호하는 데에 쓰는 자원을 가난한 사람이나 자신에게 쓰기를 바라고, 어떤 이들은 동물 보호가 경제 발전을 가로막는다고 여기죠. 하지만 동물 한 종을 보호한다는 건 비단 그것만으로 끝나는 게 아니에요. 그 종이 서식하는 지역의 생태계 전체를 보호하는 효과를 가져와요. 이는 우리가 살아가는 지구를 보전하는 가장 좋은 방법이죠.

우리가 망가뜨린 자연을 가장 효과적으로 복원할 수 있는 존재는 원래 그곳에 살던 생명이에요. 이들은 우리가 야기한 기후 위기를 막는 데에도 큰 도움을 줄 수 있어요. 작고 보잘 것 없어 보이는 크릴은 탄소를 매년 최대 120억 톤, 고래 한 마리는 약 33톤 저장할 수 있죠.

우리는 생각보다 자연과 훨씬 밀접히 연결돼 있어요. 식량과 자원, 심지어 감성적인 측면까지 자연에 의존해 살아가죠. 잘 보전된 자연 속에서 우리 미래를 구할 새로운 약과 물질이 지금도 발견돼요. 위태로운 농업의 미래는 우리가 잊어버린 야생 원종에게 달려 있죠. 생태계가 붕괴된다면 결국 우리도 살아남을 수 없어요. 우리도 동물의 한 종이며 거대한 지구 생태계의 일원임을 잊으면 안 돼요. 동물을 지킨다는 건 곧 우리를 지키는 길이에요.

이 책은 이타심에 관한 책이에요. 측은지심. 어려움에 처한 누군가를 도와주고 싶다는, 누구나 마음 한편에 가지고 있는 한 줌의 선한 마음씨 말예요. 남의 일이라고, 나만 아니면 된다는 사고방식은 우리가 사회를 이루고 문명을 건설하며 나아가 문화를 꽃피운 원동력이 결코 아닐 거예요. 어떤 사람이 동물을 대하는 태도를 보면 그가 약자를 대할 때의 태도를 엿볼 수 있어요. 사회가 동물을 대하는 태도는 그 사회가 약자를 대할 때 바로 드러나죠. 동물 이야기는 결국 우리 이야기예요. 우리는 우리 모습을 동물에게 투영할 수 있어요. 그런 감수성을 지니고 태어났으니까요. 이 책이 우리가 잠시 잊고 살았던 이타심과 감수성을 다시 한 번 생각하는 계기가 됐으면 해요. 그래서 우선 우리는 동물의 이야기를 들어 봐야 해요.

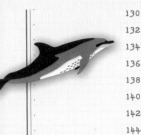

최소관심(LC)

긴지느러미들쇠고래

Globicephala melas

안녕하세요. 긴지느러미들쇠고래예요.

우리는 매년 페로제도를 지나갈 때마다 끔찍한 비명 소리를 들어요.

그곳에는 살려 달라고 외치는 친구들의 울음소리로 가득해요.

비명 소리가 그치고 나면 붉게 물든 바다를 멀리서 바라봐요.

슬픔 속에서 죽어 간 친구들을 애도할 거예요.

하지만 인간을 증오하지는 않겠어요.

우리 고래는 증오가 나쁘다는 걸 아니까요.

이름과 달리 돌고래 종류이며, 몸길이는 5미터 정도로 돌고래에서는 중간 크기예요. 매우 사회적이어서 적게는 8마리에서 많게는 수천 마리까지 무리를 지어 이동해요.

매년 덴마크령 페로제도 앞바다는 그라인다드랍(Grindadrap)이라는 전통 축제 때문에 붉게 물들어요. 이 축제를 위해 매년 7~10월 페로제도를 지나는 긴지느러미들쇠고래 무리가 학살되죠. 사람들은 모터보트를 타고 바다로 나가 고래를 위협해 좁고 얕은 만으로 몰아가요. 곧 고래를 밧줄로 끌어내 전용 도구로 도살하죠. 해안은 죽음을 기다리는 고래의 비명 소리와 피로 붉게 물들어요. 그라인다드랍은 매우 척박한 페로제도에서 초기 정착민들이 살아남고자 고래를 사냥한 데에서 비롯했어요. 하지만 이제 페로제도의 주된 산업은 조선업과 관광업, 어업이에요. 덴마크에서 막대한 지원금을 받으며, 마트에서 캥거루 고기를 구할 수 있을 정도로 물류에도 어려움이 없어요. 그런데도 2021년 9월에는 단일 사냥으로는 가장 많은 1,428마리 돌고래를 죽였어요. 이런 과잉 사냥은 그라인다드랍이 이미 생존하고자 불가피하게 벌이는 일에서 멀어진 지 오래라는 방증이 아닐까요.

그라인다드랍이 진행될 때 고래는 충분히 인간에게 반격할 수 있는데도 그렇게 하지 않아요. 고래는 고통을 인내하는 초월자처럼 죽음을 받아들이죠. 과학자들은 고래에서 감정을 담당하는 대뇌변연계가 엄청나게 거대하다는 걸 발견했어요. 고래는 인간보다 더욱 감정적으로 행동할 수 있는데도 감정을 더 잘 절제해요. 이는 고래의 감정 지능이 인간보다 뛰어나다는 지표예요. 고래는 우리보다 훨씬 더 똑똑한 존재일지 몰라요.

안녕하세요. 커모드곰이에요.

우리는 가을에 다 같이 개울로 모여요.

맛있는 연어가 짠 하고 개울을 가득 메우거든요.

이때 배불리 먹어야 겨울을 안전하게 보낼 수 있어요.

그런데 해가 갈수록 연어가 줄어들어요.

겨울을 나는 게 점점 힘들어요.

우리가 연어를 너무 많이 잡아먹은 거라면 이제라도

조금 줄여 볼게요.

최소관심(LC)

Ursus americanus kermodei

정령곰(Spirit Bear)이라고도 불리며, 캐나다 브리티시컬럼비아주 중부와 북부 해안 지역에서 살아요. 아메리카흑곰(*Ursus americanus*)의 아종으로, 털은 흰색 혹은 크림색이에요. 털이 흰색이면 눈에 띄어 사냥에 불리할 것 같지만 오히려 낮 시간대 연어 사냥 성공률을 보면 커모드곰이 흑곰보다 35퍼센트 더 높아요.

정령곰이라는 별명에서 알 수 있듯 서식 지역 원주민은 커모드곰을 신성시해요. 원주민은 모피 사냥꾼에게서 커모드곰을 보호하고자 이들의 존재를 비밀에 부쳤고, 1905년에야 학계에 보고됐어요.

현재 커모드곰은 매우 큰 위협에 직면했어요. 커모드곰도 다른 북아메리카 곰들처럼 겨울잠을 잘 때 필요한 영양분을 가을철 강으로 거슬러 올라오는 연어에 크게 의존해요. 그런데 1990년대 이후 브리티시컬럼비아의 태평양 연어 개체수는 80퍼센트 이상 감소했어요. 태평양 연어는 개체수가 가장 많았을 때의 5퍼센트에 지나지 않을 정도로 감소했어요. 원인은 기후 위기에 따른 수온 상승과 인간의 남획이었죠. 연어는 또한 숲을 풍요롭게 하는 존재이기도 해요. 연어가 돌아오는 강에 인접한 숲의 나무는 최대 70퍼센트의 질소를 연어에서 얻어요.

북아메리카 지역 전설에 따르면 만물의 창조자인 큰까마귀가 얼음과 눈으로 뒤덮였던 빙하기 때를 잊지 않고자 열 마리 흑곰 중 한 마리를 새하얀 커모드곰으로 만들었다고 해요. 이런 커모드곰이 인간 때문에 발생한 기후 위기로 멸종 위기에 처했다는 이야기는 마치 거대한 우화 같아요. 우리는 이 이야기에서 교훈을 얻고 행복한 결말을 맞을 수 있을까요?

아시아사향고양이

Paradoxurus hermaphroditus

안녕하세요. 아시아사향고양이예요.

사람들에게 잡혀 온 지도 시간이 꽤 흘렀어요.

사람들은 자꾸 저에게 한 가지

열매만 먹으라고 해요.

저는 달콤한 과일을 더 좋아하지만 이거라도

먹지 않으면 배고픈 밤을 견딜 수가 없어요.

어느 날 몸이 아픈 친구를 사람들은

우리 밖으로 데려갔어요.

요즘은 저도 몸에 힘이 없어요.

이제 저도 이곳에서 나갈 시간이 된

모양이에요.

아시아사향고양이는 달콤한 과일을 좋아하지만 가끔은 커피콩을 먹기도 해요. 사향고양이 배설물에서 소화가 덜 된 커피씨앗을 골라내 가공한 게 그 유명한 고양이똥커피 '코피 루왁'이에요. 100그램이 수십 만 원에 팔리는, 세상에서 가장 비싼커피 중 하나지요. 문제는 이 비싼 커피 때문에 애꿎은 사향고양이가 희생된다는 점이에요. 코피 루왁을 대량으로 생산하려는 사람들은 야생 사향고양이를 잡아 좁은 철장 안에 가두고 커피콩만을 먹여요. 사향고양이는 야행성인데 좁은 철장에 갇혀 있다 보니 낮에도 숨지 못하고 하루 종일 철망 위에서 지내요. 몸에는 배설물이 덕지덕지 묻고 이를 씻어 낼 만한 깨끗한 물조차 부족하죠. 잡식성인데 다른 먹이 없이 커피콩만 먹으니 영양분을 충분히 얻지도 못해요. 결국 잡혀 온 사향고양이는 2~3년 만에 만성 카페인 중독에 영양실조로 더 이상 코피 루왁을 생산하지 못할 만큼 쇠약해지다 죽음을 맞이하죠. 야생 사향고양이가 10년을 사는 것에 비해 너무나 짧은 삶이에요.

영화 〈버킷리스트〉가 흥행하며 사람들은 코피 루왁 마시는 걸 버킷리스트로 삼고는 해요. 코피 루왁 한잔에는 사향고양이의 죽음이 담겨 있는데 말예요. 죽음이 만들어 내는 풍미는 당신을 즐겁게 하나요?

고양이는 아니고 고양이의 먼 친척이기는 해요.
아시아 여러 지역에서 볼 수 있으며 주로 오래된 숲을 선호하죠.
야행성으로 혼자 생활하고 나무를 잘 타요.
잡식성이지만 과일을 아주 좋아해요.

턱끈펭귄

Pygoscelis antarcticus

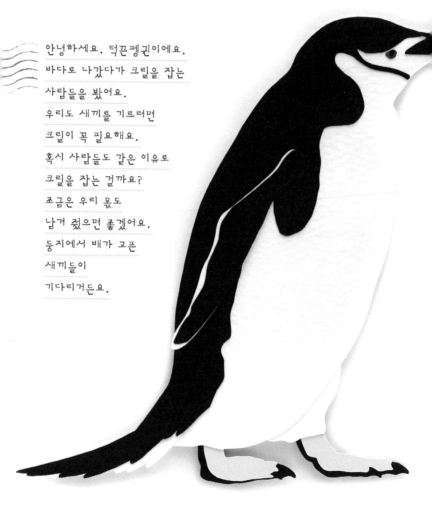

안녕하세요. 턱끈펭귄이에요.
바다로 나갔다가 크릴을 잡는
사람들을 봤어요.
우리도 새끼를 기르려면
크릴이 꼭 필요해요.
혹시 사람들도 같은 이유로
크릴을 잡는 걸까요?
조금은 우리 몫도
남겨 줬으면 좋겠어요.
둥지에서 배가 고픈
새끼들이
기다리거든요.

남극반도 북동부에 위치한 코끼리섬은 턱끈펭귄의 대형 번식지 중 하나예요. 2020년 이곳에서 번식하는 턱끈펭귄을 조사했더니, 1971년 12만 2,550쌍에 달하던 번식 쌍은 2020년 5만 2,786쌍으로 지난 조사 때보다 58퍼센트나 줄었죠. 역시 2020년에 과학자 노아 스트리커와 연구팀이 375개 번식지에서 342만 마리 턱끈펭귄을 조사한 결과, 1980년대와 비교해 번식지 45퍼센트에서 개체수가 감소했으며 23개 번식지는 아예 사라진 상태였죠. 기후 위기에 따른 기온 변화와 펭귄의 주요 먹이인 크릴 감소(남극 빙하가 녹으면서 크릴의 먹이도 부족해졌거든요) 때문이에요. 더구나 줄어드는 크릴을 인간이 매년 수십 만 톤이나 어획해요. 특히 크릴 오일이 건강 기능 식품이라고 잘못 알려지면서 어획량이 크게 증가했죠. 그 탓에 펭귄은 새끼에게 먹일 크릴을 찾아 이전보다 더 멀리혹은 낯선 지역으로 이동해야 하고, 전보다 에너지를 더 많이 쓰게 되니 결국 번식에 어려움을 겪어요.

남극 생태계는 크릴 덕분에 유지된다고 해도 과언이 아니에요. 크고 작은 물고기, 물범, 고래, 펭귄, 해양 조류처럼 남극에 사는 대부분 동물이 크릴을 먹으며 생명을 이어 가거든요. 남극의 토양이나 다름없는 크릴이 사라진다면 남극 생태계는 그대로 붕괴하고 말거예요.

턱에 난 검은 줄무늬가 꼭 검은색 모자 끈을 질끈 동여 맨 것 같아 턱끈펭귄이라는 이름이 붙었어요. 남극에 사는 펭귄 중에서 가장 개체수가 많으며, 호전적이에요. 10월 말이나 11월 초에 얼음이 없고 바위가 가득한 해안가에 모여 번식을 하지요.

최소관심(LC)

카피바라

Hydrochoerus hydrochaeris

안녕하세요. 카피바라예요.

우리 마을에서 나가라니 대체 무슨 말이죠?

우리는 갑자기 나타난 적이 없어요. 줄곧 여기서 살아온 걸요.

갑자기 나타난 건 인간이잖아요.

우리도 여기서 살게 해 주세요.

우리 집을 빼앗지 말아 주세요.

사슴과 하마를 적당히 섞어 놓은 것처럼 생긴 카피바라는 세상에서 제일 거대한 설치류예요. 주로 남아메리카 물가에서 지내는 초식 동물이에요. 다양한 포식자에게 위협받지만 사교성이 좋은 카피바라는 수십에서 수백 마리가 무리를 지어 다니며 다른 동물과도 곧잘 친해지죠.

카피바라의 사교성은 놀라워요. 동족은 물론 개, 고양이, 원숭이와도 친해지고 심지어 악어랑 평화롭게 앉아 있는 모습도 볼 수 있죠. 그런 카피바라가 단단히 화가 났어요. 2021년 8월, 아르헨티나 부에노스아이레스에 있는 마을 노르델타를 습격해 정원을 엉망으로 만들고 교통을 방해하더니 심지어 반려견을 공격하기도 했죠. 노르델타는 파라나강 습지 16제곱킬로미터에 지어진 고급스러운 복합 주거 단지예요. 원래 거대한 습지였던 이곳에는 습지를 좋아하는 카피바라가 살았죠. 카피바라 무리가 본격적으로 마을로 들어오게 된 건 마지막으로 남아 있던 야생 서식지에 사람들이 진료소를 짓기 시작한 후부터였어요. 카피바라 개체수가 증가한 것 역시 습지를 개발하는 사이에 카피바라의 포식자들이 사라졌기 때문이에요. 카피바라의 습격은 노르델타 자연 생태계가 심각하게 파괴됐다는 걸 의미하죠.

노르델타 사람들은 카피바라를 하루라도 빨리 마을 밖으로 내보내려고 하지만 마을 밖 사람들은 카피바라를 응원해요. 이런 움직임은 아르헨티나의 심각한 빈부 격차와 맞물려 사회 운동으로까지 번졌어요. 노르델타 사람들은 고요하고 편안한 자연을 찾아 이곳으로 왔겠지만 그건 망가진 자연에 지나지 않아요. 마을 사람들은 카피바라를 내쫓을 게 아니라 공존을 배워야 해요. 카피바라는 갑자기 나타난 게 아니라 그들의 고향으로 돌아온 것뿐이니까요.

안녕하세요. 팀버방울뱀이에요.

사람들을 별로 물고 싶지 않아서 열심히 방울을 흔들었어요.

그런데 사람들이 저를 잡아 갔죠.

여기에는 그렇게 잡혀 온 친구들이 많아요.

사람들은 모두 즐거워 보이는데 우리는 하나도 즐겁지 않아요.

이곳은 우리 피 냄새로 가득하거든요.

제가 더 방울을 힘차게 흔들었어야 했을까요?

아니면 아무 소리도 내지 않고 죽은 듯 숨어 있어야 했을까요?

최소관심(LC)

팀버방울뱀
Crotalus horridus

2021년 팬데믹 상황에서도 텍사스에는 수많은 사람이 모여들었어요. 방울뱀 축제를 즐기려고 찾아온 사람들이었어요. 한 해 이 축제를 찾는 사람만 4만 명에 이른다고 해요. 무척 잔인한 축제인데 말이죠. 뱀 사냥꾼들은 야생에서 포획한 여러 종류 방울뱀 수백 마리를 우리에 몰아넣어요. 그리고는 사람을 공격하지 못하게 방울뱀 입을 꿰매고 축제 내내 매질과 발길질을 해 대죠. 대부분 방울뱀의 마지막은 죽음이에요. 사람들은 도살된 방울뱀을 나눠 먹기도 하고, 조각난 방울뱀 몸을 기념품으로 사고팔기도 해요. 이 잔인한 축제의 시작은 뱀을 바라보는 잘못된 시선과 어긋난 모험심에서 비롯했죠.

방울뱀은 포식자로서 설치류 개체수를 조절해 생태계 균형을 유지해요. 이는 나아가 농작물을 보호하고 설치류가 우리에게 질병 옮기는 일을 막아 줄 수도 있죠. 사람들이 생각하는 것보다 방울뱀은 훨씬 수줍음이 많고 온순한 동물이에요. 어미 방울뱀은 갓 태어난 새끼들을 돌보며 다른 방울뱀과 사이좋게 지내다 때가 되면 다 같이 모여 겨울잠을 자요. 방울뱀을 비롯한 독사는 보통 10~50퍼센트 비율로 독을 방출하지 않는 '드라이바이트'라는 위협 공격을 해요. 뱀에게 물리는 사람은 뱀의 경고를 무시하고 뱀의 영역을 먼저 침범하거나 뱀을 먼저 공격하는 사람이에요. 뱀은 아무 잘못이 없어요. 그저 우리의 오해와 편견만이 있을 뿐이죠.

북아메리카에서 가장 북쪽에 사는 방울뱀 중 하나로 1.5미터까지 자랄 수 있어요. 강한 독을 품고 있지만 공격적이지 않고, 누군가 다가오면 방울이라고 불리는 꼬리의 변형된 비늘로 소리를 내서 미리 경고하므로 물림 사고는 많이 발생하지 않아요.

북극고래

Balaena mysticetus

안녕하세요. 북극고래예요.

우리는 사람들 생각보다 훨씬 오랫동안 북극 바다에서 살았어요.

그래서 사람들이 우리에게 한 나쁜 짓을 모두 기억하죠.

요즘 사람들은 우리에게 더 이상 작살을 던지지 않아요.

하지만 여전히 내 살 속에 박힌 작살 조각은

인간이 우리에게 저지른 일을 기억하게 해요.

우리는 바다 속에서 조용히 지켜볼 거예요. 사람들 마음이 진심인지.

이름처럼 북극 주변 바다에 살며, 최대 20미터까지도 자랄 수 있는 거대한 고래예요. 수염고래 중에서도 수염이 가장 길며, 거대한 머리는 몸길이의 3분의 1을 차지해요. 주로 혼자 생활하지만 역시 아름다운 노래를 부를 수 있어요.

북극고래는 포유류 중 가장 장수하는 동물이에요. 평균 수명이 무려 268년 이라는 연구 결과도 있지요. 2007년 5월 알래스카에서 북극고래 한 마리가 잡혔어요. 죽은 고래 몸에는 작살이 박혀 있었죠. 조사 결과 이 작살은 1879년에서 1885년 사이에 제작된 폭발 작살의 촉이었어요. 사람들은 기원전 6,000년 전부터 고래를 사냥해 왔어요. 생존 때문에 시작된 고래잡이는 이후 고래수염과 용연향 같은 사치품 재료를 얻는 것으로 변질됐고 산업이 되어 버린 고래잡이는 18세기 말에 정점을 맞이해요. 단지 어둠을 밝힐 등불의 연료와 기계 작동에 쓰는 윤활유를 얻고자 거의 모든 바다에서 고래가 학살됐어요. 1860년 이후, 석유 산업이 발달하고 식물성 기름 사용이 늘어나지 않았다면 고래는 이 무렵 인간 때문에 멸종했을 거예요.

1946년 12월 2일 워싱턴에서 국제포경규제협약이 체결됐어요. 고래를 자원으로 보며 보존과 발전을 가능하게 하자는 취지였기에 고래 개체수는 꾸준히 감소했어요. 1972년에야 유엔은 고래잡이 중단을 촉구했어요. 1975년에는 그린피스가 고래잡이 반대 캠페인을 시작했고요. 그린피스는 세계자연기금(WWF)과 함께 상업적인 고래잡이를 반대하며 고래잡이의 잔인함을 대중에게 알려 포경 산업을 중단시키고 고래를 보호하고자 했죠. 이런 노력 끝에 여론은 고래잡이 반대로 돌아섰어요. 결국 1986년 국제포경위원회는 모든 상업적 고래잡이를 금지했어요.

안녕하세요. 회색늑대예요.
우리 사이가 오랫동안 좋지 않았다는 걸 알아요.
하지만 서로를 이해하고 존중하는 법을 배운다고 생각했어요.
사람들이 더 이상 우리에게 총을 쏘지도 독이 든 먹이를 주지도 않았으니까요.
그런데 요즘 다시 사람들이 우리를 죽이려고 하네요.
우리도 조금 더 조심할 테니 사람들도 우리를 조금 더 이해해 주면 안 될까요?
분명 할 수 있을 거라 생각해요.

최소관심(LC)

회색늑대
Canis lupus

1894년 1월 31일 미국 뉴멕시코주 커럼포 계곡에서 정착민의 가축을 죽이던 검은 늑대 한 마리가 사로잡혀 있었어요. 사람들이 파 놓은 함정을 가뿐히 피하던 검은 늑대는 연인인 하얀 늑대가 잡혀 죽자 무력하게 덫에 걸리고 말았죠. 검은 늑대는 물도 마시지 않고 음식도 먹지 않으며 하얀 늑대의 뒤를 따르듯 4시간 만에 목숨을 잃었어요. 검은 늑대를 보며 이전까지 늑대를 악마라고 생각했던 한 남자의 마음이 흔들렸죠. 남자의 이름은 어니스트 톰슨 시튼, 검은 늑대는 커럼포의 왕, 로보였어요. 하얀 늑대는 블랑카였죠.

2020년 10월 29일 트럼프 정부는 미국 회색늑대를 멸종 위기종 보호법에서 제외했어요. 곧 여러 주에서 사냥 허가가 떨어졌죠. 위스콘신주에서는 보호 조치가 해제되고 3일 만에 218마리가 희생됐고, 몬태나주는 전체 개체수의 약 40퍼센트에 해당하는 450마리의 사냥을 허가했어요. 회색늑대 약 1,556마리가 사는 아이다호주는 150마리까지 줄이고자 개체수 90퍼센트의 사냥을 허용했어요. 300마리가 넘게 희생된 2022년 2월에서야 회색늑대는 45개 주에서 다시 보호를 받게 됐죠. 사람들은 늑대가 사라지고 난 뒤에야 늑대가 얼마나 지적이며 사교적인 동물인지, 야생에서 얼마나 중요한 존재인지 배웠죠. 하지만 여전히 우리는 늑대와 함께 사는 법까지 배워야 해요.

회색늑대는 북아메리카와 유라시아에 수많은 아종이 살아요. 한 쌍 혹은 여러 마리가 무리를 지어 다니는 사회적인 동물이에요. 늑대는 인간과 오랫동안 충돌해 왔지만 때론 신화적 존재로 추앙받으며 공존하기도 했어요.

안녕하세요. 바닷가재예요.

우리는 사람과 다르게 표정도 없고 온기도 없어요.

그렇다고 해서 우리가 아무것도 느낄 수 없다는 이야기는 아니에요.

우리도 사람처럼 고통을 느낄 수 있어요.

우리가 느끼는 고통에 대해 한번 생각해 주세요.

최소관심(LC)

아메리카바닷가재

Homarus americanus

우리에게 '랍스터'라는 이름으로 익숙한 바닷가재는 모든 절지동물 중 가장 무거워요. 주로 바위틈에 숨어 지내요. 수십 년을 살며 100년 이상 살 수 있을지도 몰라요. 형태가 다른 양쪽 집게발을 마치 맥가이버 칼처럼 써서 먹이를 먹지요.

사람들은 바닷가재를 더 맛있게 요리하려고 산 채로 배송하고 그대로 끓는 물에 넣어 삶아요. 하지만 스위스와 뉴질랜드를 비롯한 몇몇 나라에서는 살아 있는 바닷가재를 삶으면 법적으로 처벌받을 수 있어요. 바닷가재 같은 갑각류도 통증이 뇌로 전달되는 과정을 억제해 진통 작용을 하는 오피오이드 수용체를 갖고 있어 사람처럼 통증을 느낄 수 있기 때문이에요. 많은 연구에서 갑각류는 고통과 자극 때문에 생기는 스트레스를 피하려고 했어요. 게는 전기 충격을 피해 안전한 곳으로 몸을 숨기고 고통이 가해진 집게발과 다리를 스스로 끊기도 했죠. 소라게는 전기 자극이 가해진 껍데기를 떠나고, 약한 산성 물질이 더듬이에 묻은 새우는 그곳이 쓰라린 것처럼 긴 시간 동안 문지르는 행동을 보이기도 했어요.

2021년 영국이 갑각류와, 문어와 오징어를 포함한 두족류를 다른 척추동물처럼 고통을 느끼는 존재로 인정하고 동물복지법을 적용하기로 했어요. 이제 우리는 우리가 먹고자 도살하는 동물의 고통에 대해 깊게 생각해 봐야 해요. 그리고 동물이 느끼는 고통을 줄이고자 노력해야 해요. 먹으려고 동물을 도살하는 게 동물에게 불필요한 고통을 가해도 된다는 뜻은 아니니까요.

안녕하세요. 퓨마예요.

오늘은 평소와 다르게 우리 문이 조금 열려 있었어요.

처음 맡는 냄새와 처음 듣는 소리가 나서 저는 밖으로 나가 봤지요.

밖에는 낯설고 무서운 것으로 가득했어요.

몸을 잔뜩 웅크리고 있었는데 갑자기 엉덩이가 따끔했어요.

정신없이 도망가다 보니 어느새 밤이 됐어요.

사육사라면 저를 다시 안전한 곳으로 데려가 주지 않을까요?

너무 걱정하지 말아요. 아침이 되면 우리는 다시 만날 수 있을 거예요.

최소관심(LC)

퓨마

Puma concolor

2018년 9월 18일 대전동물원의 퓨마 뽀롱이가 탈출 4시간 30분 만에 사살됐어요. 관리자가 사육장 청소 후 실수로 닫지 않은 문으로 탈출한 뽀롱이는 마취총을 맞았지만 도망쳤지요. 그러나 2차 수색 현장에서 발사된 총탄에 맞아 결국 사망했어요. 뽀롱이 사건으로 동물원에 대한 대중의 반감이 촉발됐죠. 지금 동물원의 시초는 유럽의 왕과 귀족들이 즐기며 그들의 힘을 과시하는 장소였어요. 각국에서 잡아들인 이국적인 동물은 권력을 상징했죠. 왕의 머리가 단두대 이슬로 사라진 후에도 전 세계에 식민지를 둔 유럽 강국들은 제국주의 시대 힘을 과시하는 수단으로 동물원을 이용했어요.

다행히 이제 동물원은 달라지고 있어요. 콘크리트 바닥은 흙과 잔디로 바뀌고 사육장은 더 넓어졌어요. 동물이 휴식을 취할 수 있는 은신처와 동물의 흥미를 자극하는 행동 풍부화 프로그램도 제공하죠. 동물원은 이제 전 세계 동물을 전시하는 공간에서 끝나지 않고, 멸종 위기에 처한 동물을 보호하고 증식하며 대중에게 생물다양성을 교육하는 장소로 탈바꿈하고 있어요. 뽀롱이 사건과 같은 비극이 다시 일어나지 않도록 우리가 해야 할 일은 동물원을 그저 없애자고 하기보다는 좀 더 동물을 위한 공간으로 바꾸고자 노력하는 일 아닐까요?

'산사자'라고도 불리는 퓨마는 알래스카를 제외한
아메리카대륙 전역에서 만날 수 있어요.
아메리카대륙에서는 재규어 다음으로 거대한 고양이과 동물이죠.

1828년 4월 27일. 런던동물원이 개장하며 동물에 대한 지식을 대중에게 전달하려는 현대 동물원이 최초로 탄생했지만 실상은 여전히 오락거리에 지나지 않았어요. 동물원이 진짜 변하기 시작한 건 그 후 100여 년이 지나 대중이 자연보호에 관심을 가지기 시작했을 때부터였어요.

동물원은 지금도 바뀌고 있지만 분명 한계도 존

동물원이라는 방주

재해요. 자연에서는 수백 제곱킬로미터에 달하는 방대한 영역에서 살아가는 대형 동물에게 동물원 부지는 좁기만 해요. 지역에 따라서는 북극곰처럼 특수한 기후에서 사는 동물을 사육할 수 없죠. 무분별한 번식이 일어나 소위 잉여 동물이 발생하고, 하루 종일 우리에 갇힌 동물은 같은 행동을 반복하는 정형 행동처럼 정신 이상 증상을 보이기도 하죠. 그리고 희귀한 동물을 보려는 사람들의 욕망은 밀렵을 부추길 수도 있고요. 하지만 동물원을 없앤다고 이 모든 문제가 해결될까요?

현대 동물원의 동물은 대부분 동물원 안에서 태어나요. 예전처럼 무분별하게 야생 동물을 잡아오는 경우는 거의 없죠. 부모에게서 생존 기술을 배운 적 없기에 야생으로 돌아가도 살아남기가 쉽지 않아요. 더구나 동물원의 동물은 대부분 교잡종이에요. 유전적으로 다른 아종은 따로 관리됐어야 하지만 보전생물학의 개념이 미비했을 때 아종끼리 번식이 일어나 태어난 교잡종들이지요. 국내 오랑우탄은 보르네오오랑우탄과 수마트라오랑우탄의 교잡종이에요. 많은 동물원 호랑이는 벵골호랑이와 시베리아호랑이의 교잡종이죠. 수많은 동물원 기린은 그물무늬기린과 마사이기린의 교잡종이고요. 교잡종은 야생 생태계에서 아종 사이의 유전자 풀을 오염시킬 수 있어요. 더불어 이제 동물이 돌아갈 자연 서식지도 점점 사라지고 있어요. 항아리곰팡이가 사라지기 전까지 중앙아메리카 개구리는 자연으로 돌아갈 수 없으며, 갈색나무뱀이 있는 한 괌의 토착 조류도 야생으로 돌아갈 수 없죠.

이제 동물원도 동물원에서 사육할 수 없는 동물도 있다는 걸 인정해요. 그래서 북극곰과 고래는 더 이상 사육하지 않는 동물원이 늘고 있죠. 반면 동물원 안에서 안정적으로 번식하며 야생 동족보다 오래 사는 동물도 있어요. 또한 동물원에서는 잉여 동물을 방지하고자 번식 프로그램을 운영하고 족보를 통해 아종 사이의 유전자를 관리하죠. 동물의 정형 행동을 개선할 수 있도록 행동 풍부화 프로그램을 운영하며, 사육장도 동물 습성에 맞게끔 고치고 있어요. 우리는 동물원이 지금보다 더욱 사육 동물의 복지에 신경 쓰도록 압박해야 해요. 현재 난립하는, 동물 복지를 충족하지 못하는 중소 동물원과 동물 카페를 규제해 자격 없는 동물원은 문을 닫게 해야 해요. 동물원만큼이나 우리 관람객도 변해야 해요. 동물은 우리를 즐겁게 하는 움직이는 조형물이 아니에요. 동물도 쉬거나 잠을 자거나 모습을 드러내고 싶지 않을 때가 있죠. 동물이 움직이지 않는다고, 은신처에서 나오지 않는다고 해서 돌을 던지거나 유리를 두드리거나 소리쳐서는 안 돼요. 사람이 먹는 음식을 준다거나 동물이 원할 리 없는 일방적인 체험 프로그램에 참여해서도 안 돼요. 희귀한 동물이 없다고 동물원을 압박해서도 안 되고요. 동물원은 캘리포니아콘도르를, 아라비아오릭스를, 프르제발스키말을 자연으로 돌려보냈고 지금도 무수히 많은 종을 지켜요. 서울대공원은 서식지외보전기관으로서 금개구리, 남생이, 산양을 비롯한 우리나라의 멸종 위기종을 증식, 복원하고 있어요. 이제 동물원은 동물을 위한 방주가 돼야 해요.

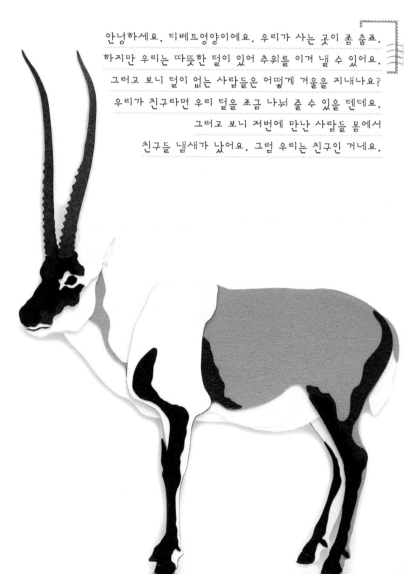

준위협(NT)

티베트영양

Pantholops hodgsonii

안녕하세요. 티베트영양이에요. 우리가 사는 곳이 좀 춥죠.
하지만 우리는 따뜻한 털이 있어 추위를 이겨 낼 수 있어요.
그러고 보니 털이 없는 사람들은 어떻게 겨울을 지내나요?
우리가 친구라면 우리 털을 조금 나눠 줄 수 있을 텐데요.
그러고 보니 저번에 만난 사람들 몸에서
친구들 냄새가 났어요. 그럼 우리는 친구인 거네요.

샤투시(Shahtoosh)는 페르시아어로 '고운 양모의 왕'이라는 뜻이에요. 버터처럼 부드러워서 커다란 샤투시 숄이 작은 결혼반지까지 통과할 수 있다고 해요. 샤투시는 티베트영양의 따뜻하고 짧은 속털로 만들어져요. 비극은 여기서 시작됐죠. 티베트영양은 길들여지지 않는 야생 동물이어서 양모를 얻으려고 털을 깎거나 빗질을 할 수 없었어요. 그래서 사람들은 티베트영양을 죽여 털을 깎았어요. 샤투시 숄 하나를 만들고자 티베트영양 4마리가 살해당했죠. 1980년대 후반에서 1990년대에는 매년 약 2만 마리 티베트영양이 이렇게 희생됐어요. 샤투시를 얻고자 시작한 사냥으로 지난 세기 동안 티베트영양의 개체수가 90퍼센트나 감소했어요.

샤투시는 국제 거래금지 품목인데도 밀수는 여전해요. 2015년에서 2018년 사이 스위스 세관에서 적발된 샤투시 숄은 총 208개였고, 이는 티베트영양 약 832마리에 해당하는 양이었어요. 샤투시 가공은 척박한 카슈미르지역에서 막대한 이익을 얻을 수 있는 사업이에요. 밀렵과 밀수가 여전히 일어나는 이유죠. 그래도 우리는 다른 길을 찾아야 해요. 엄격한 보호 노력 속에 이제야 티베트영양의 개체수가 증가하고 있거든요. 혹독한 티베트고원에서 살아남고자 발달한 티베트영양의 털은 역시 영양의 몸에 있을 때 진정한 양모의 왕으로서 위엄을 드러낼 수 있어요.

치루(Chiru)라고도 불리는 티베트영양은 티베트고원의 해발 고도 3,250~5,500미터 사이 대초원 지대에서 무리를 이루고 살아요. 수컷은 긴 뿔이 있으며 번식기가 되면 밝은 털은 하얀색에 가깝게 변하고, 어두운 털은 검은색에 가깝게 변하며 강하고 아름다운 대비를 이뤄요.

준위협(NT)

남방큰돌고래

Tursiops aduncus

안녕하세요. 남방큰돌고래예요.

우리는 기분이 좋을 때 커다란 배들 앞에서 멋지게 파도를 타고는 해요.

하지만 그게 아무 때나 우리한테 가까이 다가와도 된다고 허락한 건 아니에요.

우리끼리 시간을 보낼 때 사람들이 가까이 다가와서

깜짝 놀란 게 한두 번이 아니에요.

사람들은 자기만의 시간이 필요 없는 건가요?

우리 일상을 조금만 더 존중해 주면 안 될까요?

남방큰돌고래는 비교적 최근에야 큰돌고래와 다른 독립 종으로 인정받았어요. 주로 아프리카 연안과 인도양, 우리나라와 일본 앞바다에서 살아요. 5~15마리가 무리를 이루어 지내고 비교적 얕은 해안가를 좋아해요. 우리나라에서는 제주 앞바다에 약 120마리가 살아요.

2011년 서울동물원의 남방큰돌고래 제돌이가 제주 바다에서 불법으로 포획된 개체라는 게 알려지면서, 사람들은 돌고래쇼 존폐에 대해 진지하게 논의하기 시작했죠. 법정 공방과 사회적 토론이 이어진 끝에 서울대공원은 돌고래쇼를 중단하기로 하고, 2013년 7월 18일 제돌이를 고향인 제주 바다로 방류했어요. 2017년 5월까지 총 7마리 돌고래를 방류했고 앞으로 서울대공원에서는 돌고래를 키우지 않겠다고 선언했죠. 하지만 2021년 10월 기준 우리나라에는 총 6곳 시설에 22마리 돌고래가 갇혀 있어요.

어렵게 바다로 돌아간 남방큰돌고래가 평화롭게 지내면 좋을 텐데 돌고래를 보려는 사람들이 제주 대정읍 앞바다로 몰리면서 새로운 위협을 받고 있어요. 돌고래 관광선 여러 척이 한꺼번에 몰려다니거나 돌고래 무리에 너무 가깝게 접근하거든요. 일부 몰지각한 관광객은 아예 제트스키를 타고 남방큰돌고래에게 다가가요. 이런 행동은 돌고래에게 큰 스트레스를 주는 동시에 자칫하면 선박이나 제트스키에 돌고래가 치여 죽는 사고로 이어질 수 있어요. 일상을 방해받고 싶지 않은 건 우리나 돌고래나 마찬가지이니 돌고래의 일상을 존중해 줘야 해요. 그렇지 않으면 돌고래는 제주 앞바다를 떠나 우리에게서 영영 보이지 않을지도 몰라요.

준위협(NT)

오리너구리

Ornithorhynchus anatinus

안녕하세요. 오리너구리예요.

잘 모르시겠지만 저는 이 강에서 살았어요.

그런데 어제 강을 따라 검고 더러운 물이 흐르는 걸 봤어요.

오늘 보니 우리가 먹어야 할 가재가 모두 죽어 있네요.

이제 여기서는 더 이상 살 수 없을 거 같아요.

안녕히 계세요.

오리너구리 박제를 처음 본 과학자들은 독특한 생김새 때문에 한 동물의 온전한 몸이라기보다는 여러 동물의 부위를 가져다 조화롭지 않게 붙여 놓은 거라 생각했고 접합부를 찾으려고 노력했죠. 오리너구리는 포유류이지만 단공류여서 알을 낳고, 젖샘이 없어서 땀처럼 우유가 흘러요. 수컷에게는 독이 든 며느리발톱이 있어요.

최근 과학자들은 우울증 치료제로 널리 쓰이는 시탈로프람에 노출된 가재는 그렇지 않은 가재보다 은신처 밖에서 오래 활동한다는 사실을 발견했어요. 2018년 호주 멜버른 근처에서 이루어진 연구에 따르면 강기슭에 사는 거미는 체질량의 약 1퍼센트가 항우울제였고요. 어떻게 가재와 거미가 항우울제에 노출됐을까요? 우리가 복용한 약물이 소변이나 대변에 미량 함유된 상태에서 적절한 정화 시스템으로 정화되지 않거나, 무심결에 변기에 버린 약품이 수중 생태계로 흘러 들어가기 때문이죠. 특히 가재는 하천 바닥에서 다양한 유기물을 분해하기 때문에 항우울제에 더 많이 노출되죠. 오리너구리처럼 가재를 주식으로 삼는 동물 또한 자연스럽게 몸에 항우울제가 축적될 수밖에 없어요.

17세기 호주에 정착한 유럽 사람들은 모피를 노리고 오리너구리를 사냥했어요. 오리너구리 개체수는 유럽 사람들이 호주에 정착한 이후 적어도 30퍼센트 혹은 절반 가까이 줄어들었어요. 수질 오염과 기후 위기에 따른 가뭄으로 오리너구리 서식지가 더욱 줄어들고 조각조각 나뉘었는데, 2019년 호주 산불로 서식지의 14퍼센트가 사라졌지요. 오리너구리는 생태도 생김새도 독특해 신비한 동물로 알려졌지만, 멸종 위기에 처한 사실은 잘 알려지지 않았죠. 오리너구리가 그저 신비한 동물로만 인식되다 사라지지 않게 하려면 우리의 관심과 노력이 필요해요.

아메리카들소

Bison bison

안녕하세요. 아메리카들소예요.

사람들이 우리를 보려고 많이 모였다고 들었어요.

사람들을 실망시키지 않으려면 멋진 모습을 보여야 할 텐데 걱정이에요.

믿기 힘들지만 예전에는 셀 수도 없이 많은 들소가

초원을 뛰어다녔다나 봐요.

사람들은 지금도 충분하다고 말하는데 충분한 게 뭔지 우리는 잘 모르겠어요.

2015년에 개봉한 영화 〈레버넌트: 죽음에서 돌아온 자〉에는 주인공 휴 글래스가 설원을 방황하다가 수많은 아메리카들소의 두개골로 쌓은 거대한 탑을 바라보는 장면이 있어요. 이 장면은 영화적 허구가 아닌 실제로 벌어졌던 학살의 상징이에요. 아메리카대륙에 정착한 백인들은 신생 국가를 확장하고자 아메리카 원주민을 몰아내려고 했어요. 그래서 아메리카 원주민의 중요한 식량 공급원이자 문화적 상징인 아메리카들소를 제거하기로 마음먹었죠. 1800년대 이전 아메리카대륙에는 약 6,000만 마리 아메리카들소가 대평원을 가로질렀어요. 하지만 학살 이후 1900년대에 살아남은 아메리카들소의 수는 고작 300마리였어요. 그때부터 들소를 보호하는 노력이 이어져 진정한 야생 아메리카들소는 약 1만 5,000마리로 늘어났죠. 그런데 2021년 5월 미국 국립공원관리청은 그랜드 캐니언에 아메리카들소가 너무 많다며 들소를 사냥할 사람들을 모집했어요. 엄격한 규칙을 두고 숙련된 사냥꾼 12명을 뽑는 공고는 이틀 만에 총 4만 5,040명의 지원자가 몰리면서 마감됐죠. 과연 이렇게 할 만큼 들소가 충분히 늘어난 걸까요?

아메리카들소는 거대한 무리를 지어 이동하며 식물 씨앗을 옮기고 나무가 무분별하게 성장하지 않도록 억제하며 초원을 더욱 건강하게 만들어 줘요. 그래서 아메리카들소의 귀환은 곧 야생 생태계의 귀환을 의미해요. 아메리카 대평원은 여전히 들소의 발굽 소리를 기다려요.

북아메리카에 사는 소과 동물인 아메리카들소는 2아종이 있으며, 유럽들소라는 친척이 있지요. 북아메리카에서 가장 거대한 포유류이며, 어깨에 거대한 혹이 있고, 몸은 거친 털로 덮여 있죠. 거대한 무리를 이뤄 북아메리카 대평원을 떠돌며 살아요.

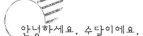

안녕하세요. 수달이에요.

우리 가족은 한강으로 이사 왔어요.

한강은 오랫동안 수달이 살지 않던 곳이라

다른 수달들이 많이 걱정했어요.

처음에는 우리도 많이 힘들었어요.

둘째한테 생긴 일은 지금도 상상하기 싫어요.

그래도 우리가 한강에 사는 걸 사람들이 싫어하지 않는 것 같아요.

괜찮다면 좀 더 오래 이곳에서 살고 싶어요.

허락해 주실 거죠?

준위협(NT)

유라시아수달
Lutra lutra

2016년 3월 한강 하류 구간에서 수달이 발견됐어요. 1997년 5월 2일 팔당대교 부근에서 마지막 수달 사체가 발견된 이후 한강에서 수달이 발견된 건 19년 만이죠. 한강 수달은 2017년 새끼 3마리와 함께 서울 송파구 천호대교 북단에서 나타났어요. 2018년 9월에는 안타깝게도 한강 인근 도로에서 로드킬로 죽은 어린 수달 한 마리가 발견됐죠. 2019년에는 뚝섬, 2020년에는 청계천 하구와 여의도 샛강에서 수달이 모습을 드러냈죠. 2021년에는 송파구 성내천을 비롯해 중랑천, 청계천, 고덕천 등에서 수달과 흔적이 관찰됐어요. 2022년 조사에서는 한강과 그 지류에서 15마리 이상이 확인됐고요.

수달은 수중 생태계 최상위 포식자로서 생태계를 유지하는 데에 반드시 필요한 핵심종이자 생태계가 얼마나 건강히 유지되는지 보여 주는 지표종이에요. 수달은 생김새가 귀여워 대중에게 인기가 많은 동물이기에 사람들이 한강의 자연 생태계에 많은 관심을 가지게 하는 원동력이 되어 줄 수 있어요. 그러면서 한강에 사는 다른

멸종 위기종들을 보존하는 든든한 우산종이 되어 줄 수도 있죠. 관찰 카메라에 포착된 수달 몸에서 크고 작은 상처가 보였어요. 한강에서 지내는 게 아직 고단한 모양이에요. 우리는 한강에 수달이 돌아왔다는 사실에만 만족해서는 안 돼요. 수달 가족이 대대손손 한강에서 살아갈 수 있도록 한강을 더욱 깨끗하게 하고자 노력해야 해요.

외모는 안아 주고 싶을 만큼 귀엽지만
수달은 우리나라 수생 생태계의 최상위 포식자예요.
방수가 잘되는 털과 매끈한 유선형 몸으로
물고기를 능숙하게 사냥하죠.
주로 가족 단위로 영역을 형성하며 새끼들은
어미와 1년 정도를 함께 지낸 후 독립해요.

큰주홍부전나비

Lycaena dispar

안녕하세요 큰주홍부전나비예요.

어제까지만 해도 우리가 알을 낳을 소리쟁이가 바로 여기 있었어요.

그런데 오늘 보니 전혀 다른 풀이 자라지 뭐예요.

다른 친구는 이미 알을 낳았다고 했어요.

그 친구는 지금 알을 많이 걱정해요.

소리쟁이는 다 어디로 사라진 걸까요?

유럽과 아시아 여러 지역에서 살아요. 6아종이 있었지만
영국 아종은 멸종했어요.
주로 강가 습한 풀밭에서 살아가지요.
암컷과 수컷 생김새가 달라요.
수컷은 날개 윗면이 진한 붉은색에 가까운 주황색이지만
암컷은 짙은 갈색에 점무늬가 있어요.

유럽 많은 지역에서 큰주홍부전나비 개체수가 감소하고 있어요. 큰주홍부전나비가 주로 살아가는 습지와 강가가 사라지고 있기 때문이죠. 세계적인 감소 추세와 달리 한국에서는 오히려 개체수가 증가하고 있어요.

몇 년 전부터 5월에서 10월 사이 한강 수변 공원에서 꽃 주변을 날아다니는 큰주홍부전나비를 쉽게 만나 볼 수 있지요. 한강에서 큰주홍부전나비가 크게 늘어난 이유 중 하나는 수변부 콘크리트 둑을 제거하는 등 강 주변 환경을 재정비하면서 녹지가 크게 늘어났고, 이에 따라 큰주홍부전나비의 먹이 식물인 소리쟁이도 크게 증가했기 때문이에요. 하지만 소리쟁이는 잡초로 인식되는 식물이어서 공원을 관리할 때 무참히 뽑혀 나가거나 제초제를 뒤집어 쓰기 일쑤죠. 아름답게 조성된 공원 꽃밭은 실제로는 외래종으로 가득 차 있어서 토종 생물한테는 텅 빈 공간이나 다름없어요. 우리가 잡초라고 뽑아 버리는 식물이 자라는 곳이야말로 토종 생물이 살아갈 수 있는 훌륭한 생태 공간이죠.

사람들은 자연을 즐기려고 생태 공원을 찾아가면서도 그곳에 잡초가 무성하고 곤충이 사는 건 원하지 않아요. 잡초도 곤충도 없다면 자연과 생태계 역시 존재할 수 없는데 말이죠.

안녕하세요. 붉은점모시나비예요.

어제는 커다란 잠자리채를 든 무서운 사람들이 저를 쫓아왔어요.

저는 겨우 도망쳤지만 다른 친구들이 많이 잡혀 가고 말았어요.

요즘 우리가 살 수 있는 땅이 많이 없어요.

우리 애벌레는 기린초가 있어야만 살 수 있으니까요.

우리한테 남은 작은 세상 속에서

우리는 언제까지 도망칠 수 있을까요?

취약(VU)

붉은점모시나비

Parnassius bremeri

붉은점모시나비는 2012년 환경부 지정 멸종위기 야생생물Ⅱ 급으로 지정됐고 2017년에는 Ⅰ급으로 상향 조정됐어요. 개체수 감소 원인 중 하나는 산림녹화와 개발에 따른 서식지 파괴예요. 또 다른 원인은 희귀한 곤충을 소유하려는 사람들의 무분별한 채집이었죠. 일 년에 한 번 발생하고 매우 짧은 생을 사는 붉은점모시나비는 특히 채집에 취약했어요. 1980년대까지 붉은점모시나비의 최대 서식지였던 강원도 춘천시 강촌은 물론 서울에서 가까운 서식지들은 몰려드는 곤충 채집가 때문에 완전히 사라졌죠.

다행히 이후 이어진 사람들의 노력으로 붉은점모시나비는 서서히 자연으로 돌아오고 있어요. 2021년 세계자연보전연맹은 전 세계에서 이루어지는 멸종 위기종 증식과 복원, 이입 사례를 소개하고 평가하는 보고서를 발표했어요. 그중 가장 성공한 사례로 우리나라의 붉은점모시나비를 꼽았죠. 서식지외보전기관인 홀로세생태보존연구소와 환경부, 원주지방환경청이 오랫동안 노력했기에 가능한 일이었어요. 하지만 대표적인 한지성 나비인 붉은점모시나비는 기후 변화로 서식지를 잃어 가고 있어요. 기후 위기가 계속된다면 애써 지켜 낸 붉은점모시나비는 다시 사라지고 말 거예요.

모시를 닮은 하얀색 날개에 붉은색 무늬가 아름다운 큼지막한 나비예요. 5월에서 6월에 어른벌레로 활동해요. 알 속에서 애벌레 상태로 여름잠을 자고, 한겨울에 부화해요. 애벌레 때는 영하 48도까지도 견딜 수 있어요.

곤충을 생명이라 잘 인식하지 못하는 풍조와 희귀한 곤충을 단순히 표본으로 소유하려는 인간의 소유욕이 맞물려 한 해에도 엄청난 곤충이 희생돼요. 심지어 손상되지 않은 표본을 얻고자 애벌레를 사육해 어른벌레가 되자마자 죽여 표본으로 만드는 사람도 있어요. 인기 있는 곤충 자생지는 채집가들 사이에서 공유돼 수십 수백 마리가 한꺼번에 채집되기도 해요. 곤충을 좋아한다는 사람들이 도리어 곤충을 죽이는 아이러니가 지금도 계속되고 있어요.

우리는 언제까지나 곤충이 흔할 거라고 생각하지만 현실은 그렇지 않아요. 여러 나라에서 기후 위기와 환경오염, 무분별한 채집과 산업화된 농업으로 곤충 수는 심각하게 감소하고 있어요. 푸에르토리코에서는 땅 위에 사는 곤충이 35년 동안 98퍼센트가 감소했어요. 멕시코 건조한 숲에서는 1980년대 이후 80퍼센트나 감소했고, 독일에서는 30년 동안 75퍼센트나 감소했어요. 최근 연구에 따르면 전 세계 곤충 중 약 40퍼센트 이상이 개체수가 줄었으며, 3분의 1은 멸종 위기에 처했어요. 지난 25~30년 동안 곤충 연간 손실률은 2.5퍼센트였고 이런 추세가 계속된다면 곤충은 50년 후에는 절반이 사라지고 100년 후에는 모두 사라질지 몰라요.

모든 동물의 약 70퍼센트를 차지하는 곤충의 가치는 그야말로 무한해요. 미국에서만 곤충이 돕는 꽃가루받이의 경제적 가치는 150억 달러에 이른다고 해요. 야생 식물의 약 80퍼센트는 꽃가루받이를 곤충에 의존해요. 그리고 곤충은 다른 생물의 먹이가 되는데, 특히 조류의 60퍼센트가 곤충을 먹고 살죠.

곤충은 또한 자연의 분해자이기도 해요. 낙엽을 먹어 흙으로 바꾸고요. 송장벌레와 파리 등은 사체를 빠르게 분해해요. 소똥구리나 똥풍뎅이는 동물의 배설물을 분해하고요. 곤충이 없다면 우리는 낙엽과 동물 사체와 배설물에 파묻혀 버리고 말 거예요. 이런 곤충의 분해 능력을 활용해 음식물 쓰레기를 처리하기도 하죠. 최근에는 벌집을 먹이로 삼는 꿀벌부채명나방(Galleria mellonella) 애벌레로 플라스틱 쓰레기를 분해하려는 연구도 이뤄져요. 이 애벌레의 장 속에는 폴리에틸렌을 분해하는 미생물이 있거든요. 플라스틱 홍수를 막기에 이 애벌레는 너무 작아 보이지만 우리가 플라스틱을 줄이려는 노력도 함께한다면 훌륭한 해법이 될지도 모르죠. 우리는 이처럼 곤충이 주는 수많은 혜택 속에서 살아요. 우리가 곤충을 귀하게 여겨야 하는 이유지요.

사바나천산갑

Smutsia temminckii

안녕하세요. 사바나천산갑이에요.

이 멋진 비늘이 보이나요? 비늘은 우리의 자랑이에요.

몸을 둥글게 말고 있으면 아무리 사자라고 해도 우리를 물어뜯지 못하거든요.

역시 사람들도 우리의 비늘을 부러워하는군요.

하지만 그렇게 잡아당기지는 말아 주세요. 그러면 너무 아프거든요.

커다란 비늘로 덮인 사바나천산갑은 파충류처럼 보이지만 포유류예요.
비늘은 사람 손톱과 같은 케라틴으로 이루어져 있으며,
가장자리가 매우 단단하고 날카로워요.
이가 거의 없어서 강력한 발톱으로 개미집을 부수며,
끈적끈적하고 긴 혀로 개미를 잡아먹어요.

2016년 카메룬에서 출발한 화물이 홍콩에 도착했어요. 슬라이스 플라스틱이라고 적힌 화물 1,260개 가운데 201개는 플라스틱처럼 생겼지만 사실 플라스틱이 아닌 것이 들어 있었죠. 바로 천산갑 비늘이었어요. 천산갑에게는 세상에서 가장 많이 밀매되는 포유동물이라는 슬픈 수식어가 붙어요.

2015년 이후 아시아에서 압수된 천산갑 비늘 약 215톤 중 40퍼센트 이상이 중국이나 홍콩을 향했어요. 2016년 중국에서는 200개 이상 제약 회사가 천산갑 비늘이 함유된 약을 60가지 생산했으며, 매년 천산갑 비늘 29여 톤이 의약품으로 허가가 나죠. 이는 약 7만 3,000마리 천산갑을 죽여야 얻을 수 있는 양이에요. 과학적으로 증명되지 않은 천산갑의 의학적 효능은 아시아 전역으로 퍼졌고, 곳곳에서 천산갑이 불법으로 팔려요. 2019년 4월 싱가포르에서는 각각 14.2톤과 14톤의 천산갑 비늘이 적발됐어요. 무려 천산갑을 7만 마리 이상 죽여야 얻을 수 있는 양이었죠. 2019년 당시 3분에 한 마리씩 천산갑이 밀렵됐던 셈이죠. 결국 아시아와 아프리카 천산갑 8종은 모두 심각한 멸종 위기에 처했어요. 매년 2월 세 번째 토요일은 세계 천산갑의 날이에요. 일 년에 단 하루라도 천산갑을 기억해 주세요. 인간 때문에 또 멸종 위기에 처한 동물이 있다는 사실을요.

취약(VU)

나그네알바트로스

Diomedea exulans

안녕하세요. 나그네알바트로스예요.

멀리서 아기 새에게 줄

먹이를 물어 왔어요.

반짝이는 예쁜 물고기로요.

그런데 아무리 맛있게 먹는데도

아기 새가 잘 자라지 않아요.

배가 저렇게 빵빵한데

늘 기운이 없어 보여요.

하지만 우리가 할 수 있는 건

다시 바다로 나가서 예쁘고

반짝이는 물고기를 더 많이

물어 오는 것뿐이에요.

아기 새가 물고기를

많이 먹고 어서 기운을

차렸으면 좋겠어요.

남극에서 가까운 사우스조지아섬은 나그네알바트로스의 번식지 중 하나예요. 이곳의 겨울 관리자인 동물학자 루시 퀸이 죽은 새끼 나그네알바트로스들을 거둬 해부했더니 뱃속에는 플라스틱 쓰레기가 가득했죠. 하와이 북서부 섬들을 연구하는 과학자들은 죽은 새끼 알바트로스 97퍼센트 이상, 어른 알바트로스 89퍼센트 이상의 몸속에 플라스틱이 들어 있다는 사실을 발견했어요. 알바트로스를 비롯한 전 세계 모든 바닷새가 플라스틱 쓰레기로 고통받아요.

바다는 이제 인간이 버린 플라스틱 쓰레기로 그 어느 때보다 반짝거려요. 수면 위에서 먹이를 찾는 수많은 바닷새에게 수면에서 반짝이는 플라스틱은 충분히 작은 물고기나 오징어로 보일 만해요. 아무 영양가 없고 위에서 공간만 차지하는 플라스틱을 먹은 새는 영양실조에 걸리게 되죠. 게다가 소화 과정에서 위산과 만난 플라스틱은 분해되며 독소를 뿜어내 새의 건강과 번식 능력에도 영향을 미칠 수 있어요.

오늘 우리가 무심코 버린 플라스틱 쓰레기는 지구 반대편에서 알바트로스를 죽일지 몰라요. 내가 버린 쓰레기로 다른 생명이 고통받을 수 있다는 사실을 한 번이라도 생각해 주세요.

나그네알바트로스 날개는 폭이 3미터에 이를 만큼 거대해요. 덕분에 큰 힘을 들이지 않고 오랫동안 날 수 있지만 땅에서는 약간 거추장스럽죠. 그래서 알바트로스 종류는 번식할 때를 제외하고는 거의 땅으로 내려오지 않아요.

안녕하세요. 상괭이예요.

사람들은 우리를 웃는 고래라고 불러요.

하지만 우리는 웃는 날보다 우울한 날이 더 많아요.

바다에 그물이 너무 많거든요.

우리는 그물에 걸리면 숨을 쉬지 못해요.

사람들도 우리와 같은 포유동물이니까 그 마음을 알 거라 생각해요.

다음에 그물에 걸려 힘들어하는 우리를 발견하면 꼭 꺼내 주세요.

취약(VU)

상괭이

Neophocaena phocaenoides

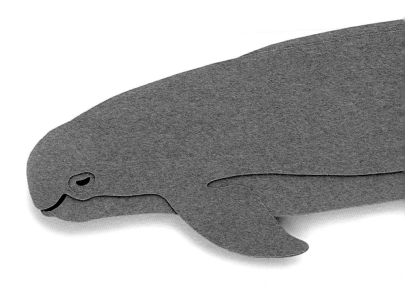

상괭이는 우리나라에서 가장 흔한 고래이자 가장 많이 죽는 고래예요. 해양수산부에 따르면 우리나라에 사는 상괭이는 2004년 3만 6,000여 마리로 추정됐지만 2016년에는 1만 7,000여 마리로 급감했어요. 2014년 국립수산과학원 고래연구소가 실시한 조사에서 그해 혼획*으로 죽은 고래 총 13종 1,849마리 중 1,233마리가 상괭이였죠. 2015년부터 2019년까지 해마다 평균 1,100여 마리 상괭이가 목숨을 잃었고 안간망 혼획으로 폐사한 상괭이 숫자는 4,545마리에 달해요. 우리나라 서해안에서 주로 사용되는 안강망은 조류가 빠른 해역에 고깔 모양 그물을 고정시켜 물살에 떠밀리는 물고기를 잡는 구조예요. 이때 먹이를 쫓던 상괭이가 그물 안으로 들어갔다가 숨을 쉬러 수면으로 올라가지 못해 그대로 그물 안에서 익사해요.

2016년 해양 보호 생물로 지정됐는데도 여전히 많은 상괭이가 그물에 갇혀 죽어 가요. 다행스럽게도 아직 우리에게는 상괭이를 지킬 시간이 남아 있어요. 웃는 고래 상괭이도 우리나라 바다에서 진심으로 웃을 날을 기다릴 거예요.

조선 시대에 집필된 『자산어보』에는 상괭이가 상광어라고 기록돼 있고
쇠물돼지나 곱시기라고도 불렸어요. 지금은 웃는 고래라는 별명이 있고요.
주로 아시아 지역에 서식하며, 우리나라 서해와 남해는 상괭이 최대 서식지예요.
달걀처럼 둥근 얼굴에 등지느러미가 없고 꽤 작은 돌고래예요.
염분 농도가 낮은 곳에서도 자주 발견되며 강으로 올라오기도 해요.

*혼획: 큰 그물을 쳐 놓고 그물에 걸리는 온갖 생물을 마구 잡는 일

갈기세발가락나무늘보

Bradypus torquatus

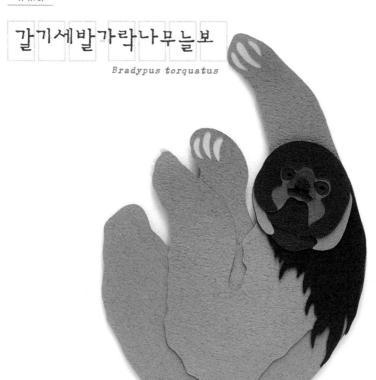

안녕하세요. 갈기세발가락나무늘보예요.

우리가 사는 열대우림에는 손을 조금만 뻗어도 먹을 수 있는 나뭇잎이 있어요.

그런데 어제까지만 해도 제 주변에 있던 나무가 모두 사라졌어요.

사람들이 또 나무를 잘라 낸 모양이에요.

사람들은 너무 빠르게 나무를 잘라 내요. 너무 바쁘게 살아서 그런 걸까요?

바쁘지 않게 사는 방법을 우리가 가르쳐 줄게요. 너무 늦지 않았으면 좋겠네요.

사람들은 나무늘보를 보며 아무것도 하지 않는 주제에 멸종도 하지 않는다고 말해요. 영어 이름 'sloth'는 게으름, 나태를 뜻하죠. 하지만 나무늘보는 치열한 열대우림에 완벽히 적응한, 말도 안 되게 경제적인 동물이에요. 그리고 열대우림이 얼마나 풍요로운지를 상징하는 열대우림 속 탄광의 카나리아나 다름없어요.

나무늘보는 평생을 나무 위에서 보내고 일주일에 한 번 변을 볼 때가 아니면 나무에서 잘 내려오지 않아요. 나무늘보의 주식이 열대우림에 풍부한 나뭇잎이기 때문에 가능한 일이죠. 또한 나무늘보는 열대우림에서 풍부한 또 다른 자원인 태양을 이용해 체온을 유지해요. 그래서 하루에 100킬로칼로리만 먹어도 살 수 있어요. 인간으로 치면 하루에 땅콩버터 한 스푼만 먹고도 살 수 있는 수준이죠. 이런 능력 덕분에 나무늘보는 중앙아메리카와 남아메리카 열대우림에서 가장 많은 중대형 포유류가 됐지만, 브라질 남동부 대서양 연안의 열대우림에 사는 갈기세발가락나무늘보는 심각한 산림 파괴로 멸종 위기에 처했어요. 코스타리카 나무늘보 개체수를 조사하는 과학자 배키 클리프에 따르면 최근 극심한 기후 변화로 장내 미생물이 살 수 없을 만큼 체온이 떨어져 나뭇잎을 소화하지 못해 굶어 죽는 나무늘보도 있다고 해요.

나무늘보는 한 번도 게으른 적이 없었어요. 지금 이 순간에도 살아가고자 치열하게 투쟁하죠. 진짜 게으른 동물은 편견 어린 시선으로 다른 동물을 바라보며 그 동물을 진정으로 알아 가려 하지 않는 우리 인간이 아닐까요?

세발가락나무늘보는 우리가 나무늘보하면 떠올리는 모습 그대로예요. 바가지 머리와 짙은 눈 무늬, 은은한 미소까지. 갈기세발가락나무늘보는 세발가락나무늘보 4종 중에서 가장 크며, 수컷은 멋진 검은색 갈기가 목 주변에 길게 자라요.

안녕하세요. 친링판다예요.

판다가 사랑에 빠지려면 생각보다 아주 많은 게 필요해요.

커다란 나무도 있어야 하고 대나무도 많아야 해요.

서로를 알아 갈 적당한 시간도 필요하죠.

그런데 그건 사람도 마찬가지 아닌가요?

취약(VU)

친링판다

Ailuropoda melanoleuca qinlingensis

사람들은 판다를 매우 귀여워하지만 한편으로는 게으르고 무능하다고 생각하죠. 심지어 너무 게으른 나머지 번식조차 하지 않아 멸종하는 거라고 이야기하는 사람도 있어요. 하지만 이런 모습은 인간이 만들어 낸 허상에 지나지 않아요. 판다를 멸종 위기로 몰아간 건 인간의 밀렵과 서식지 파괴거든요. 판다는 200만 년 이상 생존한 동물이며 사실 매우 열정적인 로맨티스트예요.

생물학자 조지 샬러는 야생에서 판다의 짝짓기 의식을 관찰했어요. 먼저 암컷 판다는 높은 나무 위로 올라가 소리를 지르며 수컷들을 불러 모아요. 나무 아래 수컷들은 암컷에게 잘 보이려고 서로 경쟁하죠. 승부는 누가 더 높은 곳에 소변을 보는지로 결정 나요. 승리를 거머쥔 수컷은 암컷과 오후 내내 짝짓기를 해요. 오후 한나절 동안 사랑을 나눈 횟수가 40번이 넘었대요. 동물원이나 보호 시설의 판다는 이런 짝짓기 의식을 할 수 없기에 대부분 암컷이 수컷을 거절해요. 더불어 새끼는 어미와 최대 3년을 함께 지내며 이때 복잡한 짝짓기 의식을 배워야 하는데 콘크리트 사육장에서는 그럴 수가 없죠(심지어 암수를 구별하지 못해 수컷끼리 합사하는 일도 있었어요). 동물원에서 판다 번식을 시도한 지 거의 20년이 지나서야 판다의 짝짓기 상황을 조금 이해할 수 있었던 이유죠.

자이언트판다의 희귀한 아종인 친링판다는 오직 친링산맥에서만 살아요. 매우 드물게 발견되는 친링판다는 자이언트판다보다 머리와 몸집이 조금 작으며, 검은색이 아닌 짙은 갈색 혹은 밝은 갈색 무늬가 있어요.

안녕하세요. 바다이구아나예요.

우리는 굶주림에 익숙해요.

이유는 모르겠지만 해초가 전부 사라지는 때가 있거든요.

하지만 기다림에는 언제나 끝이 있었어요.

그런데 올해는 기다림의 시간이 유난히 긴 것 같아요.

그래도 우리 이구아나는 참고 기다릴 거예요.

삶이 늘 풍족하기만 한 건 아니잖아요?

취약(VU)

바다이구아나

Amblyrhynchus cristatus

바다이구아나가 살아가는 갈라파고스제도의 생태계는 차가운 페루 해류가 실어다 주는 풍부한 영양분으로 유지돼요. 변온 동물인 바다이구아나는 차가운 해류에 정신을 잃을 위험성은 있지만 적어도 굶어 죽을 염려는 하지 않아도 되죠. 하지만 페루와 에콰도르 주변 바다가 갑자기 따뜻해지는 엘니뇨 현상이 일어나면 상황은 완전히 달라져요. 적도 동태평양 표층 수온이 올라가고 무역풍이 약해져 심해에서 올라오는 차갑고 영양분이 풍부한 해류의 용승도 약화되며 갈라파고스 주변 바다는 따뜻해지죠. 따뜻한 바다에서는 바다이구아나가 주식으로 삼는 적조류와 녹조류가 사라지고 독성이 있는 갈조류가 번성해요. 이 빈곤한 시기에 살아남고자 바다이구아나는 최대 20퍼센트까지 몸집을 작게 만들죠. 그래도 지역에 따라 10퍼센트에서 최대 90퍼센트 정도가 굶어 죽죠.

인간이 지구 기후에 영향을 주기 시작한 후로 엘니뇨는 더 자주, 더 강하게 발생하고 있어요. 1997년과 1998년에 일어난 강력한 엘니뇨로 갈라파고스의 많은 생명체가 거의 전멸하다시피 했죠. 우리가 기후 위기를 멈추려고 노력하지 않는다면 갈라파고스는 태초의 텅 빈 화산섬으로 돌아갈지도 몰라요. 그럼 우리 후손은 갈라파고스에서 생명과 진화의 신비가 아닌 여섯 번째 대멸종을 일으킨 조상의 어리석음에 대해 배우지 않을까요?

현생 도마뱀 중에서는 유일하게 바다에 의존해 살아가는
바다이구아나는 오직 갈라파고스제도에서만 볼 수 있어요.
우연히 태풍에 떠밀려 갈라파고스에 도착한 손님이었을 바다이구아나는
본토 친척들에서 분화했어요.
해류를 버티고자 발톱은 더욱 억세게 발달했고,
해초를 뜯어 먹고자 주둥이는 뭉툭해졌어요.

북극곰

Ursus maritimus

안녕하세요. 북극곰이에요.

항상 그래 왔던 것처럼 바다가 얼기를 기다리고 있어요.

그런데 올해는 제가 너무 빨리 온 걸까요? 바다가 하나도 얼지 않았어요.

바다가 어서 얼어야 사냥에 나설 수 있는데 큰일이에요.

허기를 달래려면 우선 무엇이라도 찾아 봐야겠어요.

콜라를 마시는 친숙한 이미지와는 달리 북극곰은 세상에서 가장 거대한 곰이자 육상 포식자예요. 북극곰은 혹독한 북극의 겨울을 버텨 내는 방향으로 진화했지요. 그렇기 때문에 지구 가열화로 사라질 위기에 처한 북극을 대표하는 동물이자 기후 위기의 상징이죠.

기후 위기를 부정하는 사람들은 북극곰의 개체수가 증가한다는 이야기를 자주해요. 오랫동안 기후 위기 때문에 북극곰이 불과 수십 년 안에 사라질 수 있다는 경고가 나왔지만 개체수가 오히려 증가했으니 기후 위기가 거짓이라는 이야기죠. 북극곰의 개체수가 현재 증가한 건 사실이에요. 하지만 그건 기후 위기가 허구이기 때문이 아니라 상업적인 북극곰 사냥을 제한하고, 북극곰 먹이인 하프물범을 보호했기 때문이에요. 덕분에 1970년대까지 5,000마리로 추산되던 북극곰은 현재 2만~2만 5,000마리로 증가했어요. 그렇지만 기후 위기는 엄연히 북극곰을 위협하는 요소예요. 북극 빙하가 유지되는 시기가 짧아지며 북극곰이 물범을 사냥할 수 있는 기간도 짧아졌고, 굶주리는 기간은 늘어났죠. 2016년 연구 결과에 따르면 북극곰이 굶주리는 기간이 늘어나며 체중에도 변화가 있었어요. 1984년과 2009년 사이 측정한 북극곰 900마리의 몸무게를 비교하면 평균 체중이 수컷은 45킬로그램, 암컷은 31킬로그램 감소했어요. 특히 암컷의 체중 감소는 번식에 영향을 주어 새끼를 덜 낳거나 건강하지 못한 새끼를 낳을 수 있어요. 개체수가 증가할지라도 각 개체가 건강하지 못하다면 개체군은 작은 변화에도 쉽게 무너질 수 있어요. 지금은 그게 언제가 될지 모를 뿐이죠. 허나 확실한 건 기후 위기가 여전히 북극곰을 위협한다는 사실이에요.

카푸치노곰과
잡종 이구아나

2006년 캐나다에서 어느 사냥꾼이 특이한 곰을 한 마리 죽였어요. 지저분한 흰색 바탕에 갈색 털이 얼룩덜룩한 이 곰은 어깨 혹이나 긴 발톱을 보면 불곰(Ursus arctos) 같았지만 북극곰 특징도 나타나는, 지금까지 발견된 적 없는 새로운 곰이었죠. 이 곰은 피즐리곰 혹은 카푸치노곰이라고도 하는 그롤라곰(Grolar Bear)이에요. 그롤라곰은 북극곰과 불곰의 교잡종인데 번식까지 할 수 있죠. 과학자들은 앞으로도 그롤라곰이 계속 증가할 것으로 봐요. 기후 위기로 북극 빙하가 빠르게 녹고 있으니까요. 빙하는 오랫동안 친척 관계인 북극곰과 불곰을 분리시킨 장벽이었어요. 북쪽 기온이 올라가 빙하가 녹으면서 불곰은 더 북쪽으로 향할 수 있게 됐고 빙하가 얼기를 기다리며 해안 지역에서 지내던 북극곰과 만나고 있죠. 두 곰의 만남은 교잡으로 이어지고 결국 북극곰의 유전자풀을 오염시키고 있어요.

그롤라곰의 미래는 아직 불확실해요. 수백 혹은 수만 년이 지나야 우리는 그 결과를 확인해 볼 수 있겠죠. 기후 위기 속에서 북극곰을 밀어내고 적응한 생존자가 될 수도 있고 반대로 기후 위기에 적응하지 못하고 사라질 수도 있어요. 지금 확신할 수 있는 건, 그롤라곰이 인간이 일으

킨 기후 위기가 생태계에 어떤 영향을 미쳤는지를 나타내는 지표 중 하나는 점이에요. 북극곰이 불곰과 분리된 건 11~15만 년 전으로 추정해요. 두 종은 유전적으로 긴밀하고 이후로도 간헐적 교잡이 이루어진 것으로 보이지만, 현재 북극곰과 불곰은 오랜 기간 동안 이어진 지리적 분리로 먹이, 생김새, 습성 등이 모두 달라졌어요. 그런 경계가 사라지는 데에 수천 년도 아닌 수십 년밖에 걸리지 않은 거예요.

이런 변화는 북극뿐만 아니라 갈라파고스에서도 일어나요. 친척 사이인 육지이구아나(Conolophus subcristatus)와 바다이구아나는 갈라파고스의 특수한 자연 환경에 따라 다르게 진화해 왔죠. 그런데 기후 위기로 굶주린 바다이구아나가 먹이를 찾아 섬 안으로 들어오게 되면서 둘 사이에 잡종 이구아나가 태어났어요. 잡종 이구아나는 그롤라곰과 달리 번식 능력은 없지만, 바다와 육지에서 모두 생존할 수 있기에 이들이 이구아나의 진화와 갈라파고스 생태계에 어떤 영향을 줄지는 지켜볼 일이죠. 기후 위기로 불과 수백 년 만에 종들 사이의 경계가 무너지기 시작했다는 점은, 기후 위기를 일으킨 우리가 자연에 미치는 영향에 대해 생각해 보게 해요.

안녕하세요 금개구리예요.

우리 등에 있는 빛나는 금색 줄무늬가 사람들에게는

보이지 않는 걸까요?

사람들은 우리를 무시한 채 우리가 살던 습지를 메우고

땅을 파헤치고 아파트라는 건물을 지어요.

그리고 우리를 발견하면 다른 곳으로 떠나라고만 해요.

하지만 우리는 떠나기 싫어요.

지금 사는 이 땅이 좋아요.

이곳에서 계속 살고 싶어요.

취약(VU)

금개구리

Pelophylax chosenicus

금개구리는 과거에 멍텅구리라고 불렸어요. 다른 개구리의 절반 정도밖에 뛰지 못하는 데다 시야 또한 좁다 보니 사냥 성공률도 낮고 포식자를 잘 피하지도 못하거든요. 그래서 참개구리와 경쟁에서 곧잘 밀리죠. 하지만 금개구리가 멸종 위기에 처한 건 이런 이유 때문이 아니라 명백히 인간 때문이에요. 광범위한 농약과 제초제 사용도 문제였지만 가장 큰 원인은 서식지 파괴죠. 금개구리의 주요 서식지였던 평야 습지나 논은 대부분 아파트 단지로 바뀌고 있어요. 사람들은 금개구리 서식지를 빼앗고 그들을 대체 서식지로 보내요. 하지만 금개구리는 새로운 서식지에 잘 적응하지 못했어요. 2014년 2만 5,049마리를 이주시켰던 세종시 중앙공원에서는 2년 만에 금개구리가 약 541마리까지 줄어들었어요.

금개구리는 한국 고유종이에요. 고유종을 지키는 건 우리나라의 생물 주권을 확보하는 일이고 이는 나아가 국가 경쟁력으로 이어지죠. 금개구리가 건강히 살아가는 서식지가 있다는 건 우리도 마음 편히 숨 쉬며 산책할 수 있는 건강한 녹지가 있다는 뜻이기도 해요. 또한 이런 곳은 막대한 탄소를 저장할 수 있어 기후 위기를 막는 든든한 방패가 되어 주죠. 우리는 후손에게 무채색 아파트 단지만을 물려줄지 아니면 다채로운 생명 다양성을 물려줄지 진지하게 고민해 봐야 해요.

한국 고유종인 금개구리의 영어 이름은 서울개구리(Seoul frog)예요.
참개구리(Pelophylax nigromaculatus)와 비슷하게 생겼지만
등에 두 줄 있는 금빛 돌기가 특징이죠.
울음주머니가 발달하지 않아 크게 울지 못해요.
과거에는 제주와 서울을 비롯한 남한 전역에서 발견됐지만
현재는 소수 서식지에서 일부만 살아가는 형편이에요.

안녕하세요. 눈표범이에요.

우리는 히말라야의 유령이에요.

아무도 모르게 조용히 살아가고 싶거든요.

하지만 사람들이 점점 우리가 사는 계곡

깊은 곳까지 들어오네요.

사람들은 우리 땅과 먹이를 빼앗으면서

우리가 굶주림에 못 견뎌 저지른 일에는 크게 화를 내요.

우리가 있는 곳으로 오지 마세요.

우리를 내버려 두세요.

취약(VU)

눈표범

Panthera uncia

12개국에 걸친 거대한 산악 지대에 살며 하루에도 수 킬로미터를 돌아다니는 눈표범은 연구는 고사하고 찾기조차 어려워요. 하지만 그런 눈표범을 쉽게 찾을 수 있는 곳이 있어요. 바로 밀렵꾼과 지역 농부의 집이에요. 2016년 연구에 따르면 알려진 것만 해도 매년 220~450마리 눈표범이 살해됐어요. 아름다운 가죽은 물론 장기까지 한약재로 팔리거든요. 하지만 최근 눈표범을 가장 위협하는 건 지역 주민의 보복 살해예요. 가축을 공격한다는 이유 때문이죠. 중앙아시아 인구가 점점 증가하면서 험준한 고산 지대에도 사람들이 살기 시작했어요. 눈표범을 비롯한 많은 야생 동물의 서식지가 목초지로 바뀌었고 목동과 눈표범이 충돌하는 이유죠. 더 이상 눈표범을 잃을 수 없기에 과학자들이 나서 지역 주민과 눈표범이 공존할 수 있는 길을 찾고 있어요.

기후 위기도 눈표범을 위협하는 큰 위험 요소 중 하나예요. 지구 평균 기온이 상승하고 식생이 변하면서 고산 지대가 점점 줄어들고 있거든요. 이 때문에 앞으로 눈표범 서식지가 최대 30퍼센트 사라질 수도 있다고 해요. 기후 위기로 집을 잃는 건 눈표범만이 아니에요. 저지대는 폭염과 가뭄에 시달릴 테죠. 기후 위기가 이대로 심해진다면 우리도 눈표범처럼 집을 잃게 될 거예요.

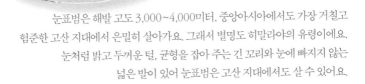

눈표범은 해발 고도 3,000~4,000미터, 중앙아시아에서도 가장 거칠고 험준한 고산 지대에서 은밀히 살아가요. 그래서 별명도 히말라야의 유령이에요. 눈처럼 밝고 두꺼운 털, 균형을 잡아 주는 긴 꼬리와 눈에 빠지지 않는 넓은 발이 있어 눈표범은 고산 지대에서도 살 수 있어요.

취약(VU)

코알라 →

Phascolarctos cinereus

안녕하세요. 코알라예요. 우리가 살던 숲에 큰불이 났어요.

불이 났을 때 우리는 나무 꼭대기로 올라가 몸을 둥글게 마는 것

말고는 할 수 있는 게 없었어요.

불이 꺼진 후 숲에는 더 이상 나무도 친구들도 남아 있지 않았어요.

지금 저는 좋은 사람들을 만나 상처를 치료하고 있어요.

하지만 이제 나무에 오를 수 없을지도 모른대요.

더 이상 우리가 사는 숲이 불타지 않았으면 좋겠어요.

호주 하면 떠오르는 동물 중 코알라를 빼놓을 수 없지요. 엉성하게 만든 테디 베어 같기도 한 코알라는 오직 유칼립투스 잎만 먹어요. 독성이 있고 영양가가 떨어지는 유칼립투스 잎을 소화하려고 코알라는 하루 대부분을 잠으로 보내죠.

2020년 새해 호주는 붉게 타올랐어요. 새로운 해를 축하하는 불꽃이 아닌 모든 걸 집어 삼키는 화마로 말이죠. 2019년 6월 시작돼 2020년 5월에야 꺼진 산불로 호주의 주요 야생 동물 서식지가 초토화됐고, 코알라를 비롯해 약 30억 마리 야생 동물이 죽은 것으로 추정돼요.

이번 산불로 피해를 입은 코알라는 약 6만 마리이고, 적어도 3만 마리가 죽은 것으로 봐요. 코알라 서식지도 많이 파괴됐어요. 블루마운틴 보호 구역의 약 80퍼센트가 사라졌으며 약 5만 마리 코알라가 살던 캥거루섬도 심각한 타격을 입었죠. 또한 산불로 대기 중 이산화탄소 농도가 높아지면서 유칼립투스 나뭇잎의 영양가가 떨어졌고, 이 탓에 코알라의 영양 상태도 나빠졌죠. 지금처럼 지구 가열화가 계속되면 앞으로 60년 사이에 유칼립투스 종 90퍼센트의 서식지는 평균 크기가 50퍼센트 축소될 거래요. 엎친 데 덮친 격으로 쇠약해진 코알라는 불임과 실명을 일으키는 성병 클라미디아(Chlamydia)로 고통받고 있어요. 코알라는 지금까지 호주의 생물 다양성을 상징하는 동물이었지만 이대로 가면 기후 위기로 사라진 동물의 상징이 될지도 몰라요.

이위

Drepanis coccinea

안녕하세요. 이위예요.

예전에는 우리와 함께 꽃의 꿀을 먹는 새가 많았어요.

저마다 부리 모양이 달라서

부리 모양을 보는 것만으로도 시간이 훌쩍 흐르곤 했어요.

하지만 이제 꽃으로 날아오는 새가 거의 없어요.

우리조차도 이제 많지 않죠.

다들 어디로 날아가 버린 걸까요.

1778년 이후 알려진 하와이 꿀빨이새 40종 중에서 약 23종이 멸종했어요. 그리스어로 낫을 뜻하는 드레파니스속(*Drepanis*)에는 옆구리 노란색 깃털이 특징이었던 하와이마모, 부리가 특히 길었던 검은마모 그리고 이위 총 3종이 있었어요. 하지만 하와이마모와 검은마모는 모두 멸종하고 현재는 이위만이 남았죠. 멸종 원인은 모기가 퍼뜨리는 치명적인 질병 조류말라리아였어요.

한때 하와이에서 가장 많았던 토종 조류 이위는 모기가 살지 못하는 추운 고산 지대에 살아 멸종되지는 않았지만 조류말라리아를 완전히 피할 수는 없었죠. 게다가 서식지가 파괴되면서 개체수가 심각하게 줄어들었고 결국 2008년 멸종 위기종이 됐죠. 살아남은 이위의 90퍼센트는 해발 고도 1,300~1,900미터에 위치한 이스트 마우이의 바람 부는 경사면에서 살아요. 이마저도 기후 위기로 하와이 기온이 상승하며 북상하는 모기의 위협을 받고 있죠. 모기는 이제 하와이 사람에게도 뎅기열과 지카바이러스 같은 치명적인 질병을 퍼뜨리고 있어요. 우리가 환경에 미친 영향은 반드시 우리에게 돌아오게 되어 있어요.

타오르듯 붉은 빛깔이 인상적인 이위는 하와이 토착 조류예요.
이위를 포함한 하와이의 꿀빨이새는 하와이 자연에 놀랍게 적응했어요.
다양한 형태 부리가 그 증거죠.
이들은 주로 꽃의 꿀을 먹으면서 꽃가루받이를 도왔어요.

1900년대 하와이 숲은 무서운 정적에 휩싸였죠. 숲에서 지저귀던 수많은 새의 소리가 더 이상 들리지 않았거든요. 이전부터 하와이 토착 조류는 서식지 파괴로 어려움에 처해 있었고 외래 침입종, 희귀한 표본을 수집하려는 인간 사냥꾼에게 시달리고 있었어요. 하지만 이 무렵 멸종 사태는 무언가 달랐죠. 건강해

열대 낙원, 하와이

보이는 숲에서조차 어떤 이유에서인지 새가 빠르게 사라졌으니까요.

조용한 학살의 범인은 바로 조류말라리아로, 조류에게 악성 빈혈을 일으키고 심하면 사망에까지 이르게 하는 무서운 병이에요. 조류말라리아는 1900년대 초 하와이에 유입된 여러 외래종 조류를 통해 하와이로 번져 나갔죠. 외래종 조류는 오랜 시간에 걸쳐 조류말라리아에 저항하는 방법을 익혔고 감염되더라도 큰 영향을 받지 않아요. 하지만 이전까지 한 번도 조류말라리아에 감염된 적이 없던 하와이 토착 조류는 속수무책으로 죽어 갔어요.

조류말라리아는 모기를 통해 감염돼요. 원래 하와이에는 모기가 없었어요. 1800년대 하와이를 드나들던 포경선과 탐사선은 오랫동안 항해하면서 오염된 물을 하와이 개울에서 교체하기 전에 별다른 경각심 없이 주변에 쏟아 버렸죠. 오염된 물에는 모기 유충이 가득 들어 있었고요. 게다가 마침 인간이 하와이에 들여온 돼지가 진흙 목욕을 하며 모기 유충이 살기 딱 적당한 웅덩이가 생긴 참이었죠. 하와이는 금방 모기 천국이 됐어요. 결국 조류말라리아를 옮기는 남쪽집모기(*Culex quinquefasciatus*)가 접근하지 못하는 1,500m 이상 고산 지대에 살던 새를 제외하고는 하와이 토착 조류 개체군이 거의 전멸했어요. 인간이 하와이제도에 처음 발을 들인 후 하와이 고유종 조류 113종 중 71종이 사라졌으며 그중 33종은 유럽인이 도착한 이후 사라졌죠. 지난 700년 동안 전 세계에서 멸종한 조류 중 약 15퍼센트는 하와이에 살던 새였어요. 현재 남아 있는 종도 대부분 멸종 위기에 처해 있죠.

2021년 9월 29일 미국 어류 및 야생 동물 관리국에서는 멸종 위기종 중에서 23종을 지정 해제한다고 발표했어요. 멸종 위기에서 벗어난 게 아니라 완전히 멸종했기 때문이에요. 하와이 토착 조류는 8종이 해당됐고, 그중에는 카우아이오오(*Moho braccatus*)도 있었어요. 카우아이오오는 오오속(*Moho*) 마지막 생존자였어요. 1940년 멸종됐다고 알려졌으나 1970년 재발견됐지요. 하지만 거대한 허리케인 두 개가 연달아 카우아이오오의 서식지를 휩쓸었고 1985년 마지막으로 모습이 목격됐으며 1987년에 마지막으로 울음소리가 녹음됐죠. 오오과(*Mohoidae*)에는 5종이 있었지만 단 한 종도 살아남지 못했어요. 키오에아(*Chaetoptila angustipluma*), 하와이오오(*Moho nobilis*), 몰로카이오오(*Moho bishopi*), 오하우오오(*Moho apicalis*) 그리고 카우아이오오.

오오속의 멸종은 6번째 대멸종 시대에 일어나는 지구 종 다양성의 감소를 상징해요. 지구에서 우리가 살 수 있는 건 무수히 많은 종이 만들어 내는 종 다양성 덕분이에요. 종 다양성이 사라진다면 지구는 더 이상 푸른 행성이 아니라 삭막하고 공허한 행성이 되어 버리겠죠. 우리가 오오를 비롯해 하와이에서 사라진 새들을 기억해야 하는 이유예요.

안녕하세요. 매너티예요.

따뜻한 물과 해초를 찾아 여기까지 왔어요.

예전에는 겨울에도 이곳에 오면 다 먹고도

남을 만큼 해초가 많았어요.

그런데 어찌된 일인지 어디에도 해초가 없네요.

누가 와서 먼저 다 먹어 버린 걸까요?

너무 배가 고파요.

취약(VU)

서인도매너티

Trichechus manatus

따뜻한 플로리다 바다는 북아메리카에 서식하는 매너티가 가장 살기 좋은 곳이죠. 그런데 2021년 플로리다에서 1,101마리 매너티가 죽었어요. 2020년 498마리가 죽은 것에 비하면 두 배 이상이죠. 사인은 대부분 굶주림이었어요. 매너티는 체중의 10퍼센트를 하루 동안 먹어야 해요. 그런데 플로리다 바다에서 해초 지대가 엄청나게 줄어들고 말았죠. 2009년 이후 대서양 연안 인디언 리버 라군에서는 해초 지대 58퍼센트가 사라졌으며, 90퍼센트가 사라진 곳도 있었어요.

원인은 플로리다 담수 오염으로 보여요. 플로리다에서는 막대한 물이 필요한 인산염 광산이 운영되고, 2,200만 주민 중 90퍼센트에게 식수를 공급하는 여러 샘이 개발되면서 유량은 감소하고 수질은 혼탁해졌죠. 게다가 과도한 벌목으로 비가 오면 습지와 하천으로 유입되는 토사, 농업 유출수 탓에 물속이 부영양화됐고, 그 결과 녹조가 과도하게 번식하면서 해초 성장을 방해했어요. 해초 지대가 예전 수준으로 회복되려면 최소 10년은 걸릴 거래요. 결국 미국 어류 및 야생 동물 관리국은 남은 매너티를 구하고자 제한적인 범위 내에서 먹이를 공급하기로 결정했어요.

바다소라고 불리는 매너티는 온순하며 거대한 초식 동물이에요. 매너티가 먹는 수초 종류는 60가지가 넘지요. 사는 곳에 따라 서인도매너티, 아프리카매너티, 아마존매너티 3종류로 나눠요. 보통은 혼자 다니지만 소규모로 무리를 이루기도 하지요. 생물학적으로 코끼리와 가까운 사이예요.

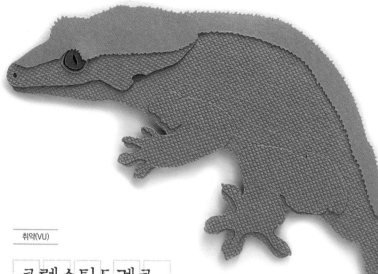

크레스티드게코

Correlophus ciliatus

안녕하세요. 크레스티드게코예요.

굉장한 폭풍이 제가 살던 숲을 지나갔어요.

폭풍이 사라지고 얼핏 사람들이 다녀간 것 같은데

무슨 일로 온 건지는 저도 잘 모르겠어요.

그것보다 친구들이 많이 없어졌어요.

폭풍에 날아간 걸까요?

다들 무사했으면 좋겠는데 한번 알아봐 주실 수 있나요?

어서 다시 친구들을 만났으면 좋겠어요.

크레스티드게코는 1866년 프랑스 동물학자 앙투안 알폰스 귀슈 누가 처음 발견했지만 이후 자취를 감춰 야생에서 멸종된 것으로 여겨졌어요. 그러다 1994년, 큰 태풍이 지나간 뉴칼레도니아 파인즈섬 숲에서 로버트 십과 프리드리히-빌헬름 헨켈 탐사대가 재발견했죠. 뉴칼레도니아가 크레스티드게코 반출을 금지하기 전까지 여러 마리 번식 그룹이 연구 목적이라는 이름으로 섬에서 유출됐지만, 곧 희귀 애완동물 시장에서 팔렸죠.

현재 크레스티드게코는 섬에 유입된 작은불개미에게 공격받고 있어요. 외래종 쥐는 크레스티드게코와 알을 잡아먹고, 사슴과 멧돼지는 숲을 파괴하죠. 끊이지 않는 개발과 산불로 서식지도 줄어들고 있고요.

크레스티드게코를 비롯해 멸종 위기에 처한 종을 애완동물로 키우는 사람들은 이런 행위가 곧 멸종 위기종을 구하는 일이라고 말해요. 하지만 멸종 위기종이 돌아갈 야생 서식지가 없다면 진정한 종 복원은 이뤄질 수 없어요. 야생 서식지는 지키지 않으면서 단순히 멸종 위기종을 구매해 기르는 일이 과연 멸종 위기종을 위하는 일인지, 그저 자기 욕심을 채우고자 정당성을 부여하려는 건 아닌지 생각해 봐야 해요.

눈 위에 난 작은 돌기들이 마치 속눈썹 같아서 '속눈썹도마뱀붙이'라고도 해요. 눈꺼풀이 없기 때문에 수시로 눈을 핥아요. 어디든 잘 달라붙고 꿀과 과일을 좋아하지만 곤충도 제법 사냥하죠. 뉴칼레도니아 열대우림 나무 위에서 살아요.

아프리카사자

Panthera leo

안녕하세요. 아프리카사자예요.
사람들은 우리를 백수의 왕이라고 부르죠
하지만 그건 울타리 밖의 사자에게나
어울리는 이름이에요.
여기서 우리는 사람들 손에 죽을 날만을
기다릴 뿐이에요. 불공평한 것 같아요.
울타리 밖 다른 동물은 도망칠 수도 있는
우리에게는 그런 기회조차 없는 걸요.

아프리카사자는 권력을 지닌 숫사자를 중심으로 암사자 여러 마리와 권력이 없는 숫사자 2~3마리가 프라이드(무리)를 이루고 살아가요. 사실 프라이드의 진정한 주인은 노련한 암사자들이에요. 숫사자는 프라이드에서 축출되거나 교체되기도 하지만 암사자들은 계속 프라이드를 유지하거든요.

2021년 5월 2일 사자 농장 금지 법안이 발표되기 전까지 남아프리카에는 사자 농장이 366개나 있었어요. 이곳에서 길러지는 사자는 약 8,000마리로 추정돼요. 여기에 비공식적인 농장까지 포함하면 약 450개 농장에 최대 1만 2,000마리 사자가 있으리라 봐요. 아프리카 야생 사자의 절반이 되는 수가 농장에서 길러진 거죠. 농장 사자는 거액을 지불한 누군가의 오락거리로 사살돼요. 이렇게 죽은 사자의 머리는 헌팅트로피로 만들어지고, 뼈와 살은 약재로 중국과 동남아시아로 팔려 나가죠.

사육한 사자를 도망칠 수 없는 울타리에 가두고 하는 사냥을 통조림 사냥이라고 해요. 사자뿐 아니라 가젤, 누, 얼룩말, 개코원숭이를 비롯한 수많은 야생 동물이 통조림 사냥감으로 사육돼요. 이익은 농장을 운영하는 소수가 가져가고 고통은 오로지 동물이 받죠. 사냥에 대한 윤리적 접근에 공정한 추격이라는 개념이 있어요. 쫓기는 야생 동물이 충분히 도망칠 수 있도록 울타리나 덫 같은 장애물이 없는 곳에서 사냥해야 한다는 뜻이죠. 통조림 사냥은 동물이 사냥에서 벗어날 기회를 말살한 불공정한 게임일 뿐이에요. 반드시 사라져야 하죠.

큰개미핥기

Myrmecophaga tridactyla

안녕하세요. 큰개미핥기예요.

우리는 불이 너무 무서워요.

우리 자랑인 커다란 꼬리는 불에 아주 잘 타거든요.

그런데 사람들은 자꾸 우리가 사는 곳에 불을 질러요.

어제도 제가 사는 곳 근처에서 큰불이 났어요.

제발 더 이상 우리 집을 태우지 말아 주세요.

남아메리카 초원 지대에 많이 사는 큰개미핥기는 이름처럼 개미를 주로 먹어요. 개미핥기 중에서 가장 크며, 마법사의 빗자루 같은 꼬리와 커다란 발톱, 가슴에 있는 검은 무늬가 아주 멋져요. 새끼는 어미 등에 업혀서 자라요.

2020년 세계 최대 열대 습지인 판타날이 맹렬히 타올랐어요. 들불보다는 재앙에 가까웠던 화재로 습지 약 4만 4,000제곱킬로미터가 불타고, 생물군의 30퍼센트가 희생됐어요. 이곳은 큰개미핥기의 주요 서식지이기도 하죠.

사람들은 목장과 사탕수수, 특히 대두를 재배하려고 판타날에 불을 질렀어요. 대두는 주로 가축 사료로 쓰여요. 우리 식탁에 오르는 소, 돼지, 닭은 물론 노르웨이 연어를 키우는 데에도 대두가 필요해요. 그래서 브라질의 연간 대두 생산량은 2000년 3,000만 톤에서 2021년 1억 2,500만 톤으로 늘어났어요. 불타 버린 판타날의 일부는 소를 키우는 목장으로도 쓰여요. 이미 판타날의 16퍼센트는 목장이나 농장으로 바뀌었죠. 부유한 나라들에서 육류를 얻으려는 과도한 욕망이 남아메리카를 불태우는 원동력으로 작용해요.

판타날이 품은 생명 다양성이 고작 콩 한 줌 때문에 사라져서는 안 돼요. 판타날을 파괴하는 주된 원인인 대두 재배와 가축 사육은 우리가 육식을 줄이는 것으로 막을 수 있어요. 완전한 채식이 힘들다면 일주일에 한 번이라도 고기를 먹지 않는 건 어떨까요? 누가 뭐래도 채식은 지구를 구하는 방법 중 하나니까요.

안녕하세요. 대서양투구게예요.

오늘은 우리한테 아주 중요한 날이에요.

바로 알을 낳는 날이거든요.

그런데 이맘때면 알을 낳아야 하는 친구들을 사람들이 데려가요.

며칠 후 다시 돌아온 친구들에게 무슨 일이 있었는지

물어봤지만 잘 알려 주지 않네요.

다들 그때 기억을 떠올리기 싫은 것 같아요.

무슨 일이 있었던 걸까요?

취약(VU)

대서양투구게

Limulus polyphemus

투구게 혈액은 산소를 운반하는 헤모글로빈 대신 구리가 포함된 헤모시아닌이 들어 있어 파랗게 보여요. 이 파란 혈액은 외부 세포벽 구성 요소인 내독소에 작용할 때 아메바세포라 불리는 세포가 단단히 응고해 젤리 같은 덩어리가 돼요. 과학자들은 투구게의 아메바세포를, 주사제 같은 의학품을 사람 혈류에 주입하기 전에 치명적인 오염 물질이 들어 있는지 감지하는 LAL(Limulus Amebocyte Lysate) 테스트에 사용해요. 그러려고 매년 봄 미국 동부 해안에 알을 낳고자 상륙하는 투구게 약 50만 마리를 사로잡아요. 투구게에서 혈액의 3분의 1을 뽑아낸 다음 바다로 돌려보내는데, 이 과정에서 사로잡힌 투구게의 약 30퍼센트는 죽는대요.

투구게는 연안 생태계를 지탱하는 기둥이에요. 투구게 산란철 약 2주 동안 몸무게를 두 배로 늘려야 하는 붉은가슴도요(*Calidris canutus*)는 투구게가 감소하며 멸종 위기종이 됐죠. 코로나 팬데믹 때 필요한 백신 50억 도즈를 만들려면 LAL 테스트를 60만 건 해야 한대요. 과학자들은 코로나 같은 대규모 감염병이 언제든 다시 유행할 수 있다고 경고해요. 그때마다 우리는 또 수많은 투구게의 혈액을 뽑아내겠죠. 이윽고 투구게가 모두 사라진다면 우리는 또 누구의 피를 원하게 될까요?

바가지를 엎어 놓은 것 같기도 하고 말발굽처럼 생긴 것 같기도 한 투구게는 인간보다 훨씬 오래전에 지구에 나타났죠. 화석 기록에 따르면 가장 오래된 투구게는 약 4억 5,000만 년 전에 처음 등장했어요. 이름은 게지만 생물학적으로 거미나 전갈 쪽에 조금 더 가까워요.

쿼카

Setonix brachyurus

안녕하세요. 쿼카예요.
사람들은 우리가 세상에서
가장 행복한 동물인 줄 알아요.
하지만 우리도 걱정과 근심이
가득하다고요.
우리와 사진을 찍고 싶어
하는 사람들은 이제 그럭저럭
견딜 만해요.
너무 가까이만 다가오지
않는다면요.
우리 그렇게 친한 사이도
아니잖아요?
친해지려면 적당히
거리도 둘 줄 알아야
하잖아요.

쿼카를 처음 발견한 유럽인들은 고양이만큼 거대한 쥐라고
생각했어요. 그래서 쿼카가 사는 섬을 '쥐 둥지'라는 뜻인
로트네스트섬(Rottnest Island)이라고 불렀죠. 하지만 쿼카는
캥거루 일종이에요. 주머니에서 새끼를 기르며 풀을 먹고 살죠.

2015년 쿼카는 '세상에서 제일 행복한 동물'이라는 별명과 함
께 널리 알려졌어요. 인스타그램에는 '#Quokka'로 20만 장
이 넘는 사진이 태그돼 있을 정도예요. 쿼카와 셀카를 찍으려
는 사람이 매년 50만 명 넘게 로트네스트섬을 방문해요. 다행
히 쿼카는 사진을 찍으려는 낯선 방문객에 금방 적응했죠. 사
람을 두려워하지 않는 쿼카는 종종 먼저 사람에게 다가와요.
하지만 호주의 동물보호법은 엄격해서 쿼카를 만지면 벌금
300호주달러가 부과될 수 있으며, 쿼카를 학대하면 벌금 5만
호주달러가 부과되는 건 물론 5년 징역형에 처해질 수도 있어
요. 그래서 사람들은 쿼카를 웃으며 다가오는 벌금이라고 부
르기도 해요.
전문가들도 셀카를 찍는 일이 쿼카에게 큰 해를 주지는 않는
다고 해요. 하지만 균형은 언제든 깨질 수 있으니 호주 관광청
은 쿼카와 안전하게 셀카 찍는 방법을 제시했어요. 우리는 야
생 동물과 함께할 때 서로에게 해를 입히지 않는 거리를 알아
야 해요. 너무 가까워지는 건 결국 야생 동물과 인간 모두에게
별로 좋은 일은 아니까요. 지금은 쿼카가 사람들에게 먼저
다가오지만 우리가 그들을 존중해 주지 않는다면 이런 관계
는 언제든지 깨질 수 있어요. 미래에도 쿼카가 여전히 행복한
미소를 지을지는 지금 우리에게 달려 있어요.

팔색조

Pitta nympha

안녕하세요. 팔색조예요.

우리는 매년 여름 제주도로 와서 둥지를 지어요.

그런데 요즘은 유난히 숲이 소란스럽네요.

아직 아기 새들이 둥지를 떠날 때가 되지 않았는데

나무들이 잘려 나가고 있어요.

아기 새들이 둥지를 떠날 때까지만 기다려 주면 안 될까요?

이름처럼 다양한 색깔을 띠는 팔색조는 주로 단독 생활을 하며
숲속 바닥에서 무척추동물을 잡아먹어요.
4~7월에 제주도나 남해안 섬으로 날아와 번식하는 여름 철새이자
아열대성 조류로 겨울은 동남아시아에서 보내죠.
매우 조심스러운 성격과 달리 소리는 아주 커요.

2019년 제주 구좌읍 평대리와 봉개동을 잇는 비자림로에서 아름
드리 삼나무들이 잘려 나갔어요. 그 전해부터 도로 확장 공사를 시
작했고 그 때문에 나무를 잘라 낸 거죠. 2019년 5월 25일 수백 그
루 삼나무가 잘려 나간 그곳에서 팔색조 소리가 들렸어요. 문화재
청은 팔색조 번식기를 고려해 비자림로 공사를 8월 15일까지 중
단해 달라고 요청했어요. 팔색조는 어둡고 축축하며 나무가 빽빽
한 원시림에서 주로 번식하기 때문에 산림을 보전하는 건 곧 팔색
조를 지키는 일이에요. 우리나라, 그중에서도 특히 제주도는 팔색
조가 많이 번식하는 아주 중요한 곳이죠.

팔색조뿐만 아니라 여러 멸종 위기종이 추가로 발견됐지만 비자
림로에서는 공사 재개와 중단이 반복되고 있어요. 문제를 해결할
수 있는 다른 방법들은 오직 개발 논리에 잠식됐죠. 이런 이유로
비자림로를 비롯한 제주의 자연이 많이 훼손됐어요. 우리는 편리
한 교통과 멋진 호텔 때문이 아니라 잘 보전된 자연을 보러 제주
를 찾는 건데 말이죠.

바다코끼리

Odobenus rosmarus

안녕하세요. 바다코끼리예요.

예전에는 우리가 모두 올라가 쉴 수 있는

얼음덩어리가 바다에 많이 있었어요.

하지만 이제 우리가 쉴 수 있는 곳은 이 좁디좁은 해변뿐이에요.

여기 저기 밀지 말라는 친구들의 아우성이 들리지만

다들 더 이상 갈 곳이 없어요.

어제는 가서는 안 되는 곳까지 갔던 친구들이 돌아오지 않았어요.

우리가 마음 편히 쉴 수 있는 아주 넓은 곳이 있다면 좀 알려 주세요.

1996년 알래스카 야생 동물 관리원들은 매우 기이한 장면을 목격했어요. 본디 해변이나 유빙 위에서 지내야 하는 바다코끼리가 거의 60마리나 절벽을 기어오르다 추락하는 모습이었죠. 2019년 다큐멘터리 〈우리의 지구〉에서도 충격적인 장면이 담겼어요. 수만 마리 바다코끼리가 좁디좁은 해변에서 서로 몸을 깔아뭉개거나 쉴 곳을 찾아 절벽을 기어오르다 굴러 떨어졌어요. 떨어져 죽은 바다코끼리는 수백 마리가 넘었죠. 바다코끼리가 이런 혼란을 겪는 건 기후 위기로 빙하가 사라졌기 때문이에요. 이들은 일종의 기후 난민이죠.

2006년 겨울 시리아와 이라크를 비롯한 중동 지역에 역사상 유래를 찾아볼 수 없는 긴 가뭄이 2011년까지 이어졌어요. 비옥한 초승달 지대는 밀 발생지에서 밀을 수입해야 하는 처지가 됐죠. 이때 민중의 불만이 폭발했고 결국 시리아 내전이 발생했어요. 논란의 여지는 있지만 시리아 내전을 일으킨 다양한 원인 중에 기후 위기도 있다는 걸 부정하기는 어려워요. 기후 위기가 심해질수록 식량 문제를 겪는 나라는 많아질 거고 갈등도 계속해서 늘어나겠죠. 바다코끼리도 인간도 기후 위기의 피해자예요. 하지만 한 가지 다른 점은 바다코끼리는 기후 위기에 어떤 책임도 없지만 인간은 일부 기후 위기의 가해자이기도 하다는 사실이에요. 우리는 그 점을 잊어서는 안 돼요.

코끼리처럼 기다란 엄니가 특징인 바다코끼리는 몸무게가 1톤이 넘는 거대한 기각류예요. 태평양과 대서양에 두 아종이 있어요. 긴 엄니로 바다 바닥을 긁어 조개나 해삼, 각종 연체동물을 잡아먹죠. 새끼를 기르고 쉬려면 반드시 해변으로 나와야 해요.

안녕하세요. 반달가슴곰이에요.

태어나서 처음으로 철창 밖으로 나왔어요.

처음 밟아 보는 흙이 처음에는 무서웠지만

곧 푹신푹신해서 기분이 좋아졌어요.

사방에서는 처음 맡아 보는 달콤한 냄새가 났고요.

하지만 다시 돌아가야 한대요.

흰나비를 쫓다 길을 잃으면 다시 돌아가지 않아도 되지 않을까요?

취약(VU)

반달가슴곰

Ursus thibetanus ussuricus

우리나라에 사는 반달가슴곰은 아시아흑곰(Ursus thibetanus)의 아종이에요. 광택이 나는 까만 털과 가슴에 있는 하얀색 반달무늬가 특징이죠. 주로 과일이나 씨앗을 먹고 살지만 작은 동물을 잡아먹기도 해요. 나무도 아주 잘 타요. 겨울에는 나무구멍이나 바위틈 굴속에서 겨울잠을 자요. 한때 한반도 전역에서 서식했지만 일제 강점기와 6.25 전쟁을 겪으며 개체수가 급감했고 현재는 지리산국립공원에서 소수만이 살아요.

2021년 7월 6일 경기도 용인시에 거주하던 사람들은 재난 문자를 받았어요. 곰 두 마리가 탈출해 포획 중이니 유의하라는 내용이었죠. 그날 탈출한 곰 한 마리는 사살됐어요. 사람들은 곰이 동물원에서 탈출했다고 여겼지만, 현실은 좀 더 잔인했어요. 곰들은 더러운 뜬장에서 죽음만을 기다리던 사육 곰들이었어요. 심지어 이 사건은 농장주가 불법 곰 도살을 감추고자 두 마리가 탈출했다고 거짓 신고한 것으로 드러났어요.

농가 소득 증대 방안으로 장려되던 사육 곰은 법과 시대가 변하면서 이제 애물단지 취급을 받아요. 정부의 느슨한 규제와 무관심 속에 사육 곰의 고통은 늘어만 갔어요. 그나마 다행스럽게도 용인 사건으로 대중이 사육 곰 문제에 다시 관심을 갖게 됐고, 이에 환경부도 사육 곰 문제를 해결하고자 민관협의체를 구성했어요. 현재 환경부는 구례군과 함께 2만 7,804제곱미터 크기에 곰 49마리를 수용할 수 있는 보호 시설(생츄어리)을 건설하고 있어요. 2024년 완공 예정이었으나 계획을 앞당겨 2023년 완공을 목표로 한대요.

우리나라에는 두 종류 반달가슴곰이 있어요. 천연기념물이자 환경부 지정 멸종위기 야생생물 I급으로 지리산국립공원에서 증식과 방사, 보호하는 반달가슴곰과 좁고 더러운 뜬장에 갇힌 상태로 방치되고 죽음만을 기다리는 사육 반달가슴곰이죠. 2021년 9월 기준 26개 농가에 369마리가 갇혀 있어요.

1981년 우리나라 정부는 농가 소득 증대 방안 중 하나로 곰 수입을 허가했어요. 값비싼 한약재로 쓰이는 곰의 쓸개, 즉 웅담을 채취해 수출할 목적이었죠. 하지만 불과 4년 후인 1985년 7월 국내에서 곰 보호 여론이 일고, 해외 언론에 사육 곰 실태가 알려지자 정부는 곰 수입을 전면 금지해요. 거기다 1993년 7월 우리나라가 사이테스(CITES, 멸종 위기에 처한 야생 동식물의 국제 거래에 대한 협약)에 가입하며 국제 보호종인 아시아흑곰의 수출과 수입이 완전히 금지되죠. 정책은 실패했고 사육 곰은 애물단지가 됐어요. 정부는 농가 손실을 보전한다는 취지로 1999년, 24살이 넘은 곰은 웅담 채취를 목적으로 하는 도살을 허용했고 2005년에는 그 기준을 10년으로 낮췄어요. 2012년 제주에서 열린 세계자연보전총회(WCC)에서 웅담 채취를 목적으로 한 곰 사육을 금지하는 결의안이 통과됐고 우리 정부는 2014년부터 2016년까지 사육 곰 967마리의 중성화를 진행했죠(하지만 사육 곰 농장주들은 사육이 아닌 동물원에 전시되는 곰은 중성화 대상이 아니라는 법의 허점을 이용해 몰래 사육 곰을 증식하기도 했어요). 정부가 장려한 사업을 이제 와서 금지시킨다며 농장주들은 정부의 결정에 반발했고, 그 사이 사육 곰들은 동물권과 복지가 전혀 보장되지 못하는 환경에서 방치됐죠. 웅담 약효는 과학에 근거한 효과라기보다는 비과학적 믿음에 가까워요. 지금 우리는 훨씬 더 효과가 좋고 안전한 약을 만들어 낼 수 있어요. 비과학적 믿음과 무책임한 태도 사이에서 고통을 받는 건 곰이에요. 이제라도 우리는 곰을 고통 속으로 몰고 간 것에 책임을 져야 해요.

영국 보전생물학자 조슈아 파월은 「한국, 5,200만 인구의 나라에서 곰을 되찾는다」 라는 기사에서 우리나라 반달가슴곰 복원 사업을 조명했어요. 겨우 5마리 정도밖에 남지 않았던 반달가슴곰을 성공적으로 복원해 현재 지리산에는 야생 반달가슴곰이 74마리나 살아요. 복원 초기에는 상당한 반대도 있었고, 밀렵과 인공 수정 등 물리적 한계에 부딪히기도 했으나 이를 뛰어넘었죠. 복원 다음으로 가야 할 단계는 바로 곰과 인간의 공존이에요. 여전히 반달가슴곰을, 등산객을 습격할 수 있으며 농작물과 가축을 노리는 위협 요소로 여기는 사람이 많아요. 하지만 우리가 먼저 야생 동물을 자극하거나 그들의 영역을 침범하지 않는다면 야생 동물도 사람을 공격하지 않아요. 그리고 숲이 건강하다면 야생 동물이 굳이 숲을 떠나 농작물과 가축을 노릴 일도 없고요. 오히려 야생 동물에게 인간이 위협 요소죠. 이제 호랑이와 표범, 늑대 같은 중대형 포식자는 우리 자연으로 돌아올 수 없어요. 남아 있는 자연도, 사람들 인식도 그들을 받아들일 준비가 전혀 되어 있지 않으니까요. 우리는 너무 오랫동안 텅 빈 자연에 익숙해져서 자연과 공존하는 방법을 잊어버린 지 오래예요. 반달가슴곰 복원을 계기로 우리도 자연과 공존하는 법을 배우면 좋겠어요.

장수거북

Dermochelys coriacea

안녕하세요. 장수거북이에요.

어제는 완벽한 해파리를 만났어요.

투명한 해파리는 물속에서 반짝거리며 파도를 따라 흔들거렸죠.

향기 또한 완벽했어요.

만족스러운 식사라고 생각했는데

속은 더부룩하고 소화가 잘 되지 않네요.

분명 완벽한 해파리를 먹었는데 말이죠.

2000년대 장수거북의 개체수는 20년 전보다 90퍼센트나 줄었어요. 한때 무척 풍부했던 동남아시아 개체군은 거의 붕괴했으며 카리브해와 대서양, 서아프리카에 소수 개체군만이 남아 있죠. 현재 장수거북을 가장 괴롭히는 문제는 우리가 버리는 플라스틱과 비닐봉지예요. 장수거북의 주식은 해파리예요. 해파리는 영양가가 많지 않기 때문에 장수거북은 자기 몸무게만큼 해파리를 먹어야 해요. 그러면서 비닐봉지도 함께 먹게 되지요. 장수거북의 식도 안에는 마치 가시 같은 돌기들이 몸 안쪽으로 나 있어요. 이 돌기들은 장수거북이 미끈거리는 해파리를 삼키는 데에는 도움을 주지만 비닐봉지는 다시 뱉어 내지 못하게 해요.

최근 연구에 따르면 바다거북은 깨끗한 플라스틱 냄새에는 반응하지 않았어요. 하지만 오랫동안 바다를 떠다녀 표면에 미생물과 조류 등이 달라붙은 플라스틱 냄새에는 아주 민감하게 반응했죠. 생물이 축적된 플라스틱은 바다거북에게 만찬으로 여겨진 거예요. 전 세계 바다거북 중 절반은 이미 몸속에 플라스틱이 들어 있으리라 추정돼요. 사실 그건 인간도 마찬가지예요. 한 사람이 일주일에 평균 신용카드 한 장 분량만큼 미세플라스틱을 섭취한다는 통계도 있죠. 우리는 자연과 동떨어져 있다고 생각하지만 전혀 그렇지 않아요. 그래서 우리가 자연에 미친 영향은 부정적이든 긍정적이든 반드시 우리에게 돌아오죠.

세상에서 가장 거대한 거북인 장수거북은 알을 낳을 시기가 아니라면 절대로 뭍으로 나오지 않죠. 평생 동안 바다를 떠돌아다니며 주로 해파리를 잡아먹고 살아요. 거북 중에서 가장 깊게 잠수할 수 있으며 가장 빨라요.

회색머리날여우박쥐

Pteropus poliocephalus

안녕하세요. 회색머리날여우박쥐예요.

너무 더워요. 이렇게 더운 건 태어나서 처음이에요.

강으로 가서 몸을 적셔 봤지만 그때뿐이었어요.

나무 그늘은 태양을 피해 몰려든 친구들로 가득해요.

더위 때문에 정신을 잃을 것 같지만

아직 다 자라지 못한 새끼들을 생각하며 정신을 차리려 해요.

이 더위가 더 이상 오래 가지 않았으면 좋겠어요.

이름처럼 여우를 닮은 회색머리날여우박쥐는 호주 고유 큰박쥐 종이에요. 호주에서 가장 큰 박쥐인 큰박쥐 종류는 주로 삼림 지대에서 큰 무리를 이루고 살죠. 황혼 무렵에 날아올라 꽃의 꿀과 과일을 찾아다녀요. 이 과정에서 꽃가루받이를 돕고 숲에 씨앗을 퍼뜨리죠.

2019년 12월에도 어김없이 약 3만 마리 박쥐가 호주 멜버른의 야라벤드 공원으로 모여들었어요. 12월은 회색머리날여우박쥐가 한창 새끼를 기르는 시기죠. 새끼는 9~10월에 태어났기에 아직 엄마 배에 매달려 있었고요. 12월이 절반쯤 지난 어느 날 박쥐로 한창 북적여야 할 공원에서 이상한 일이 벌어졌어요. 12월 말, 단 사흘 동안 약 4,500마리 박쥐가 죽은 채 발견된 거예요.

박쥐를 죽인 건 포식자도 질병도 아니었어요. 바로 극심한 더위였죠. 12월 말 야라벤드 공원의 한낮 온도는 43도를 넘어섰죠. 날여우박쥐 종류는 기온이 42도 이상 올라가면 극심한 열 스트레스를 받아요. 날이 더우면 박쥐는 날개로 부채질하며 어떻게든 몸의 열을 식히려고 해요. 일부는 가까운 강가로 가서 수면을 스치듯 비행하며 몸에 물을 뿌리기도 하지만 이러면 많은 열량을 소비하게 되죠. 시원한 곳을 찾아 많은 박쥐가 한꺼번에 한곳에 모이면 질식하거나 공황 상태에 빠져요. 결국 박쥐들은 더 이상 나무에 매달리지 못하고 떨어져 죽어 버리죠. 4,000마리가 넘는 주검 속에서도 새끼 255마리가 구조됐어요. 하지만 우리가 구조된 새끼들을 지켜 줄 수 있을까요? 매년 폭염은 더욱 심각해지는데 말이죠.

아프리카치타

Acinonyx jubatus

안녕하세요. 아프리카치타예요.
우리가 세상에서 가장 빨리 달릴 수 있다고 해서
세상에서 가장 빨리 사라지고 싶은 건 아니에요.
우리는 멸종이 쫓아오지 못할 때까지 달리고 달릴 거예요.
우리 길을 막지 말아 주세요.
우리가 좀 더 달릴 수 있게 해 주세요.

1980년대에 치타 50마리의 유전체를 분석한 유전학자 스티븐 오브라이언은 분석 결과를 보고 몹시 당황했어요. 마치 한 마리의 혈액을 50개 샘플로 나누어 분석한 것처럼 50마리의 유전자가 서로 거의 다르지 않았거든요. 치타의 유전적 유사성은 매우 높아요. 야생 치타는 특정 형질에 대한 유전자좌에 동일한 대립 인자가 한 쌍 있는 동형접합성이 평균 95퍼센트에 달해요. 혈통을 지키려고 근친 교배하는 비중이 높은 아비시니아고양이의 63퍼센트보다도 훨씬 높은 수치죠.

유전적 다양성 부족은 과거 치타가 심각한 개체수 병목 현상을 겪었다는 걸 의미해요. 그럼에도 살아남아 번성한 치타에게도 지금은 그 어느 때보다 위태로운 시기예요. 밀렵과 로드킬 등으로 희생되는 비율이 연간 10퍼센트 정도 되거든요. 게다가 불법 거래 문제도 심각해요. 부유한 사람들이 자기 부를 과시하고자 불법으로 치타를 사는데, 2010~2019년 사이만 해도 그 수가 무려 3,600마리에 이르렀어요. 이런 추세라면 앞으로 수십 년 안에 치타는 사라지고 말 거예요. 세상에 치타보다 빠른 건 추악하게 퍼져 나가는 인간의 욕망이 아닐까요?

세상에서 가장 빠른 포유류인 치타는 비록 포식자이지만 온순한 편이에요.
암컷은 새끼를 기르며 단독 생활을 하고 수컷은 소수가 모여 무리 생활을 해요.
표범과 비슷하지만 눈 밑으로 내려오는 줄무늬와 점박이 무늬,
짧은 주둥이와 가늘고 긴 다리로 구별할 수 있지요.

안녕하세요. 고라니예요.

사람들은 숫자를 좋아한다고 들었어요.

그래서 세상에는 도로도 많고 밭고 많고 도시도 많은 건가요?

하지만 우리가 많은 건 좋아하지 않나 봐요.

우리를 미워하고 우리 보고 사라지라고 말해요.

그렇지만 사람들이 만든 것으로만 가득 찬 세상에서

우리가 갈 곳은 대체 어디에 있나요?

취약(VU)

고라니

Hydropotes inermis

'물사슴'이라는 이명처럼 물을 좋아하는 고라니는 주로 물가에 서식하며 필요할 때는 수영도 곧잘 해요. 수컷은 뿔이 없는 대신 기다란 송곳니가 자라는데 그 모습 때문에 서양에서는 뱀파이어사슴이라고도 부르죠. 발정기 수컷이 내는 울음소리는 매우 기괴한 것으로 유명해요.

전 세계를 기준으로 하면 고라니는 멸종 위기종이에요. 중국에는 약 1만 마리뿐이고 북한에서는 거의 사라졌어요. 그에 반해 우리나라에 사는 고라니는 최대 75만 마리로 추측되죠. 심지어 우리나라에서는 농작물을 망치고 교통사고를 일으킨다며 유해조수로 지정됐어요. 해마다 유해조수를 없앤다는 이유로 약 10만 마리가 사냥되며, 로드킬로 약 6만 마리가 사망해요. 여기에 밀렵을 비롯한 다른 이유까지 합하면 한 해에만 약 20만 마리 이상 고라니가 희생돼요.

중대형 포식자가 사라진 우리나라에서는 고라니 개체수가 자연스럽게 조절될 수가 없어요. 그렇다고 해서 정밀한 데이터 없이 인위적으로 개체수를 조절하다 보면 지역 밀도 차이 때문에 지역 절멸이 일어날 수도 있으며, 향후 고라니의 유전적 다양성에 악영향을 줄 수도 있어요. 고라니 서식지를 유지하면서도 울타리와 생태 통로 등을 설치해 로드킬을 관리하고, 고라니가 싫어하는 식물을 농경지 주변에 심거나 특수 울타리를 설치하며 장기 대책을 세워야 해요. 현재 아무리 흔한 동물이라고 해도 사라지지 않으리라는 보장은 없어요. 고라니가 우리나라에서도 멸종 위기 동물이 된다면 고라니를 되살리고자 막대한 사회적 노력과 비용을 지불하게 되겠죠. 사라진 후에 후회하는 것보다는 사라지기 전에 지키는 게 더 좋은 방법이 아닐까요?

고라니야, 고라니야

고라니는 우리나라에서 혐오 대상을 나타내는 형용사처럼 자리 잡았어
요. 자전거나 킥보드 등 도로에서 자칫 사고를 일으킬 수 있는 대상에
자라니, 킥라니처럼 고라니 이름을 빗대죠. 고라니가 유해조수로 지정
되면서 인식이 안 좋아진 데다 로드킬을 자주 일으킨다는 이유에서요.
한 해에만 6만 마리 이상 고라니가 로드킬을 당해요. 고라니와 차가 부
딪히면 고라니도 다치거나 죽을 수 있지만 그 충격으로 운전자도 위험
할 수 있고, 자칫 고라니를 피하려다 다른 사고가 일어날 수도 있죠.

그렇다면 왜 고라니는 도로를 건너는 걸까요? 고라니는 주로 저지대 초
지나 산림 경계부에서 사는 동물이에요. 그런데 우리나라 저지대가 대
부분 농경지나 주거지로 바뀌면서 고라니 서식지가 줄었고, 그 사이사
이에 도로까지 생기면서 서식지가 파편화되기까지 했죠. 그래서 고라
니는 서식지를 찾아 점점 더 저지대로 내려오고, 도로를 건널 수밖에 없
어요. 고라니는 자동차가 무엇인지 모르기에 자동차를 피하는 법도 몰
라요. 게다가 자동차 불빛처럼 과도하게 밝은 빛은 고라니의 광수용기
를 자극해 순간적으로 눈을 멀게 해요. 더불어 고라니 같은 사슴 종류는
갑작스러운 변화를 겪으면 잠시 주춤하며 상황을 파악하는데, 고속으
로 질주하는 차 앞에서는 변한 상황에 미처 대응할 새가 없어 치이게 되
죠. 사실 이건 사람도 마찬가지예요. 로드킬이 많이 일어나는 지역에서

는 무분별한 개발을 막고, 생태 통로와 울타리 등 로드킬을 방지할 만한 시설을 설치하는 것도 중요하지만 운전자 또한 주의를 기울이고 야간 주행 때는 적정 속도를 지켜야 해요. 그건 운전자 스스로를 지키는 일이기도 하니까요.

고라니 개체수가 많이 증가한 건 1980년대 이후로 꽤 최근 일이에요. 포식자와 경쟁자가 사라지면서 수가 늘어났지만, 농경지와 도시가 확장되면서 사람과 마주치는 일이 잦다 보니 더 많아 보이는 점도 있죠. 미국 옐로스톤의 흰꼬리사슴(*Odocoileus virginianus*) 사례처럼 늑대나 표범 같은 핵심종이 돌아온다면 자연스레 개체수가 조절되겠지만 우리나라에서는 기대할 수 있는 대안이 아니에요. 고라니 수가 많은 건 사실이지만 실제로 몇 마리가 되는지는 아무도 몰라요. 동물, 특히 포유류는 경계심이 강해서 개체수를 조사하는 일이 쉽지 않거든요. 고라니 수가 너무 많으면 생태계에도 문제가 생길 수 있으니 개체수를 조절할 필요는 있지만, 그러려면 먼저 적정 개체수가 몇 마리인지부터 세심히 연구해야 해요. 지금처럼 무작정, 함부로 고라니를 죽이는 게 능사가 아니에요. 동물을 대하는 태도를 보면 그 사회가 어떻게 약자를 대하는지 알 수 있다고 하죠. 고라니를 혐오 표현으로 쓰는 우리 사회는 어떤가요? 혐오와 배제는 아무것도 해결해 주지 않아요.

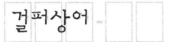

위기(EN)

걸퍼상어

Centrophorus granulosus

안녕하세요 걸퍼상어예요.

심해에서 지내는 삶은 느리고 고요해서

수면 위 소란스러움은 우리와 상관없을 거라 생각했어요.

그런데 사람들은 이 깊은 곳까지 와서 우리를 잡아가네요.

도대체 수면 위에서는 무슨 일이 벌어지는 걸까요?

전 세계의 수심 300~800미터 깊은 바다에 살며 커다란 녹색 눈을 반짝이는 걸퍼상어를 보면 우리가 흔히 아는 상어라기보다는 외계 생물체가 아닐까 싶어요. 매우 오래 살며 천천히 자라고, 임신 기간도 2년으로 길어요.

2019년 코로나19가 인류를 위협하는 상황 속에서 심해 상어도 위험해질 수 있다는 이야기가 나왔어요. 심해에 사는 상어가 부력을 조절할 수 있는 건 간에 저장된 상어간유 덕분인데요, 이 상어간유가 바로 백신 면역 증강제 MF59로 쓰이는 스쿠알렌이거든요. 1997년 인플루엔자 백신 이후 스쿠알렌은 면역력 증강 효과가 입증돼 면역 증강제로 널리 쓰이고 있어요. 다행히 이번 코로나 팬데믹에서는 면역 보조제가 필요 없는 mRNA백신이 쓰였지요.

코로나 때야 무사히 넘어갔다지만 진짜 문제는 화장품이에요. 사실 스쿠알렌 전체 사용량을 보면 백신은 약 1퍼센트에 지나지 않고 화장품, 특히 보습제가 90퍼센트 이상을 차지해요. 이미 식물성 스쿠알렌을 맥아나 쌀겨, 아마란스 씨앗, 올리브유에서 추출하는 기술이 개발됐어요. 하지만 상어간유가 식물성 스쿠알렌보다 30퍼센트 더 저렴하고 추출하는 데에도 시간이 덜 든다는 이유로 아직 심해 상어의 간에서 기름을 빼내는 거예요. 비록 우리가 강력히 저항하거나 멋지게 연설하지는 못하지만 식물성 스쿠알렌 제품을 쓰는 것으로 한 해에 수만 마리 상어를 구할 수 있어요. 우리는 더 윤리적인 제품을 사용하는 것만으로도 세상을 바꿀 수 있어요.

검은발족제비

Mustela nigripes

안녕하세요. 검은발족제비예요.

우리가 살던 초원에는 원래 이렇게 키가 큰 풀이 없었어요.

이건 사람들이 심은 건가요?

더욱 궁금한 건 프레리도그가 다 어디로 사라졌는지 하는 거예요.

우리는 프레리도그가 없으면 살 수가 없거든요.

키가 큰 풀이 자란 후에 프레리도그도 사라졌는데

우리 배가 더 고파지기 전에 그 이유를 알 수 있으면 좋겠어요.

1981년 미국 와이오밍주 미티츠의 농장에서 키우던 개가 족제비처럼 생긴 동물을 물어 죽였어요. 죽은 동물을 발견한 주인은 족제비 사체를 박제사에게 가져갔죠. 박제사는 죽은 족제비가 1979년 멸종이 선언됐던 검은발족제비라는 걸 한눈에 알아봤어요.

1800년대 미국 개척자들은 대초원을 경작지로 바꾸면서, 굴을 파고 밭의 작물을 먹어 치우는 설치류 프레리도그(Cynomys)도 제거했어요. 검은발족제비는 프레리도그에 크게 의존해요. 먹이의 90퍼센트가 프레리도그이며, 프레리도그가 버린 굴에서 몸을 피하거나 새끼를 키우죠. 프레리도그가 사라지자 검은발족제비도 조용히 사라져 갔죠. 그러다 멸종한 줄 알았던 검은발족제비가 1985년에서 1987년 사이에 18마리나 발견된 거예요. 이들은 와이오밍주 보호 센터로 옮겨졌죠. 1988년에는 스미소니언국립동물원에서도 검은발족제비 사육을 시작했어요. 이후 동물원 6곳과 미국 어류 및 야생 동물 관리국의 노력으로 지금은 개체수가 수천 마리로 늘었어요. 해마다 100~200마리가 야생으로 돌아가고 있고요. 생태계는 매우 복잡하고 섬세하게 연결돼 있어서 함부로 제거해도 되는 동물은 없어요.

검은발족제비는 검은발페럿이라고도 불리지만 반려 동물인 페럿과는 족제비속에 속한다는 공통점을 빼면 전혀 다른 동물이에요. 북아메리카에서 유일한 토착족제비속 동물로 미국 서부 평원에서 주로 서식해요. 프레리도그 전문 사냥꾼이며, 번식기를 제외하면 혼자 살아가죠.

이베리아스라소니

Lynx pardinus

안녕하세요. 이베리아스라소니예요.

우리가 사는 곳에는 먹잇감인 토끼가 아주 많았어요.

저기 언덕 너머 굴속에도 저기 옆 나무뿌리 사이에도

그런데 요즘 들어서는 토끼가 전혀 보이지 않아요.

우리가 토끼를 너무 많이 잡아먹은 걸까요?

그래서 우리가 벌을 받게 된 걸까요?

이럴 때는 어떻게 해야 좋을까요?

1952년 프랑스. 은퇴한 의사 폴 펠릭스 아르망 델리유는 자기 정원을 망치는 유럽토끼들에게 점액종증바이러스를 감염시켰어요. 점액종증바이러스는 치사율이 99.8퍼센트에 이르는 아주 치명적인 바이러스로, 6주 만에 그의 정원에 있던 토끼 98퍼센트가 죽었어요. 델리유는 감염된 토끼들이 자기 정원을 벗어나 도망칠 거라 생각하지 않았지만 불과 3개월 만에 그 생각이 틀렸다는 걸 깨달았죠. 점액종증바이러스로 영국에서는 야생 토끼 99퍼센트가, 프랑스에서는 90퍼센트가, 스페인에서는 95퍼센트가 사라졌어요. 그런데 델리유는 오히려 토끼를 박멸했다는 공으로 프랑스 정부에서 메달을 받았어요. 메달 한 면에는 델리유의 초상이, 다른 면에는 죽은 토끼가 새겨져 있었죠.

토끼가 사라지면서 토끼를 주식으로 삼던 이베리아스라소니의 개체수도 급감했어요. 20세기 초 10만 마리에 이르던 이베리아스라소니는 2002년 스페인 안달루시아 지역에서는 94마리만 남았죠. 이후 적극적인 보존 노력이 효과를 본 덕분에 2021년에는 개체수가 1,111마리까지 늘었어요. 최근 이베리아스라소니 개체수를 더 안정적으로 늘리고 고립된 개체군을 연결하는 〈Life Lynxconnect〉 5개년 계획이 시작됐어요. 이제 이베리아스라소니는 우리가 노력한다면 얼마든지 멸종 위기 동물을 지켜 낼 수 있다는 또 하나의 희망이 됐어요.

유럽 남서부 이베리아반도에 서식하는 이베리아스라소니는 친척인 유라시아스라소니보다 작아요. 꼬리는 짧고 뭉툭하고 얼굴 주변에 하얀색과 검은색 갈기가 있지요. 주로 유럽토끼를 사냥하지만 가끔 자고새나 오리, 새끼 사슴을 사냥할 때도 있어요.

아프리카펭귄

Spheniscus demersus

안녕하세요. 아프리카펭귄이에요.
새끼들에게 먹일 물고기를 잡으러
가야 하는데 바다가 많이 이상해요.
너무 새까맣고 냄새도 많이 나요.
바다에 들어갔다 나온 친구들은
하나같이 몸이 많이 안 좋다고 해요.
이게 대체 무슨 일일까요?
어서 새끼들에게 물고기를
잡아 줘야 하는데 말이죠.

당나귀처럼 울어서 자카스펭귄(Jackass Penguin)이라고도 불려요.
우리가 흔히 아는 펭귄과 달리 아프리카 해안가 사막 지대에
살아요. 눈 위쪽 피부로 혈액을 보내 몸을 식혀요.
더울수록 눈 위쪽 피부색은 더 분홍색으로 변하고요.

아프리카펭귄은 2021년 기준 약 1만 400쌍이 있지만, 19세기 초까지만 해도 약 400만 마리가 있었어요. 당시 아프리카펭귄 알은 매우 진귀한 식재료로 쓰여 사람들이 가져가기 바빴고 이런 흐름은 1970년대까지 이어졌어요. 사람들은 아프리카펭귄의 둥지도 빼앗아 갔어요. 아프리카펭귄이 굴을 파는 곳은 몇 세기에 걸쳐 새의 배설물이 쌓인 구아노이고, 구아노에는 질소와 인이 풍부해 천연 비료로 적합했거든요. 1800년대 일어난 천연 비료 붐으로 아프리카펭귄의 번식지가 파괴됐죠. 알과 둥지를 빼앗긴 것도 모자라 1930년대부터는 지속적으로 기름 유출에 시달렸어요. 수백, 수천 마리 펭귄이 기름을 뒤집어쓴 채 죽었어요.

기후 위기는 펭귄에게 마지막 일격이 될지 몰라요. 해마다 5월부터 7월까지 남아프리카 끝의 해안에서는 한류를 따라 이동하는 거대한 정어리 무리가 장관을 이뤄요. 수억 마리에 이르는 정어리 떼는 길이가 7킬로미터, 폭은 1.5킬로미터에 이르러요. 정어리가 대이동하는 까닭은 일시적으로 발생하는 차가운 해류의 용승 때문이에요. 기후 위기로 바다 온도가 계속해서 오르면 수십 년 안에 용승 작용이 사라지며 정어리의 대이동도 멈출 것으로 예상돼요. 그러면 오랜 세월 정어리를 주요 먹잇감으로 삼던 아프리카펭귄도 사라지겠죠.

남방참다랑어

Thunnus maccoyii

안녕하세요. 남방참다랑어예요.

우리는 바다에서 손꼽히는 수영 선수예요.

우리보다 빠른 건 없다고 생각했어요.

우리를 재빠르게 잡아 가는 사람들을 보기 전까지는 말이죠.

우리는 수영을 멈추는 순간 숨을 쉬지 못해요.

사람들도 우리 잡는 걸 그만두면 숨을 쉬지 못하나요?

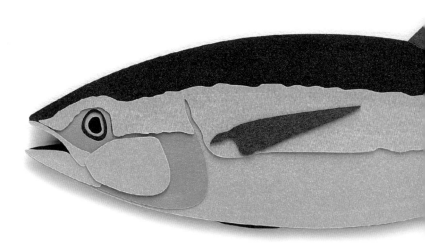

참다랑어는 참치라고 불리는 종류이지만 우리가 흔히 먹는 참치캔에는 주로 가다랑어, 황다랑어 같은 작은 종이 들어가요. 참다랑어는 거의 대부분 회나 스시를 많이 먹는 일본에서 소비되지만 높은 가격으로 거래되기에 전 세계 바다에서 심각하게 남획됐어요. 그래서 남방참다랑어는 위급(CR), 대서양참다랑어는 위기(EN), 태평양참다랑어는 취약(VU)으로 멸종 등급이 멸종 위기종으로 널리 알려진 자이언트판다나 사자보다도 높았어요.

1994년 체결된 남방참다랑어 보존협약으로 국가별 어업 할당량이 지정되고, 불법 어업을 근절하려는 노력이 지속되면서 2021년에 남방참다랑어는 위기(EN), 대서양참다랑어는 최소관심(LC), 태평양참다랑어는 준위협(NT)으로 멸종 등급이 내려갔어요. 하지만 참다랑어는 수천 킬로미터를 헤엄쳐 다니기에 전 세계가 협력하지 않으면 언제든 멸종 위기에 처할 수 있어요. 우리가 지금처럼 남획을 멈추지 않으면 바다는 언젠가 우리에게 아무것도 내어 주지 않겠죠. 매년 줄어드는 어획량은 그저 바다의 변덕이 아니라 우리가 남획한 결과라는 사실을 깨달아야 해요.

남방참다랑어는 대양을 헤엄치는
거대한 물고기인 참다랑어 종류예요.
그래서 2.5미터까지도 자랄 수 있어요.
평생 멈추지 않고 헤엄쳐요.
헤엄을 멈추는 순간 아가미로
물이 들어가지 못해 질식하고
말거든요.

안녕하세요. 레서판다예요.

우리가 그렇게 귀엽나요?

그렇다고 우리를 억지로 잡아가면 곤란해요.

우리는 인형이 아니에요.

엄연히 살아 있는 존재라고요.

위기(EN)

레서판다

Ailurus fulgens

중국 남서부 지역 신혼부부에게 레서판다는 행운의 부적이에요. 사랑스러운 생김새 때문에 바라만 봐도 행운이 올 것 같지만 사실 이 부적은 살아 있는 레서판다가 아니에요. 레서판다 가죽으로 만든 모자죠. 레서판다 가죽 모자를 신혼부부에게 선물하는 관습은 13세기부터 시작된 듯해요. 현재도 중국에서 레서판다를 위협하는 주요 요인 중 하나가 밀렵이에요. 지난 50년 사이에 중국 레서판다 개체수가 40퍼센트나 감소했고, 현재 야생에는 1만 마리도 남지 않은 걸로 보여요.

가죽을 노린 밀렵과 더불어 레서판다를 위협하는 요인은 귀여운 레서판다를 키우려는 인간의 전혀 귀엽지 않은 욕망이에요. 요즘은 SNS나 미디어를 통해 레서판다의 귀여움이 한층 부각되니 이런 욕망은 더 커질 수도 있겠죠. 2018년 1월 라오스에서 불법으로 포획된 레서판다 6마리가 구조됐어요. 하지만 포획과 이송 과정에서 쇠약해진 탓에 3마리는 결국 죽고 말았죠. 기후 위기도 새로운 위협으로 다가왔어요. 기온이 올라가며 레서판다의 주식인 대나무가 고사하고, 레서판다가 사는 고산 지대 식생이 변하고 있거든요. 때로는 거머쥐는 게 아니라 바라보고 지켜야 하는 행운의 부적도 있다는 걸 알아야 해요.

고양이와 곰을 합친 것처럼 생긴 레서판다는 자이언트판다보다 먼저 발견됐고 판다라는 이름도 먼저 달았죠. 하지만 자이언트판다랑은 생물학적으로 관련이 없어요. 히말라야와 중국 남서부, 네팔, 미얀마 북부 등지에 살아요. 주로 대나무를 먹으며 대부분 시간을 나무 위에서 보내요.

위기(EN)

채텀검은울새

Petroica traversi

안녕하세요. 채텀검은울새예요.

오늘은 날씨가 아주 좋네요.

잠시 수풀 밖으로 나와 햇볕을 쬘 생각이에요.

사람들은 제가 채텀검은울새를 구했다고 하지만

저는 그런 말보다 따뜻한 햇볕이 더 좋아요.

오래 산 덕분에 이별도 많이 겪었지만 그만큼 새로운 만남도 많았어요.

여러분과도 또 만날 수 있으면 좋겠어요.

채텀검은울새는 뉴질랜드 동쪽 해안에서 800킬로미터 떨어진 곳에 위치한 채텀제도에 사는 작고 새까만 새예요. 그리 잘 나는 편이 아니어서 주로 숲 바닥이나 낮은 나뭇가지에서 지내요. 예전에는 채텀섬에서도 살았지만 지금은 랑가티라와 망게레에서만 볼 수 있어요.

1980년에 채텀검은울새는 오직 5마리뿐이었어요. 인간이 채텀제도로 들여온 고양이와 쥐 때문에 섬의 토착 조류가 빠르게 사라졌고 채텀검은울새도 그중 하나였죠. 뉴질랜드 환경보호가 돈 머튼은 채텀검은울새를 더욱 적극적으로 보호하고자 알을 훔치고 둥지를 망가뜨렸어요. 둥지가 망가지자 채텀검은울새는 둥지를 고치며 추가로 알을 낳았고, 훔친 알은 대리모 새가 대신 품고 키웠어요. 하지만 이런 노력에도 번식은 순탄치 않았어요. 5마리 가운데 유일하게 번식에 성공했던 암컷에게는 가락지 색깔에 따라 올드블루라는 이름이 붙었죠. 채텀검은울새의 평균 수명은 4년인데 올드블루는 무려 14년을 살며 동족을 멸종 위기에서 구해 냈어요. 2021년 기준으로 지구에 살아 있는 채텀검은울새는 약 280마리로 모두 올드블루의 자손이라고 해도 과언이 아니에요. 인간 때문에 많은 종이 사라졌지만 채텀검은울새처럼 인간이 적극적으로 개입해 멸종을 막아 낸 종들도 있어요. 올드블루는 1983년 11월 30일과 12월 13일 마지막으로 목격됐어요. 햇볕이 잘 드는 수풀에서 건강한 모습으로요.

벵골호랑이

Panthera tigris tigris

안녕하세요. 벵골호랑이예요.

우리 평화 협정이라는 걸 맺는 게 어떨까요?

우리는 숲에서 나오지 않을 테니 사람들도 숲으로 들어오지 않기로 해요.

비록 숲에는 우리가 배불리 먹을 동물이 별로 없지만

이제라도 서로 죽이지 않으려면 필요한 일이라고 생각해요.

혹시 더 좋은 방법이 생각나면 알려 주기로 해요.

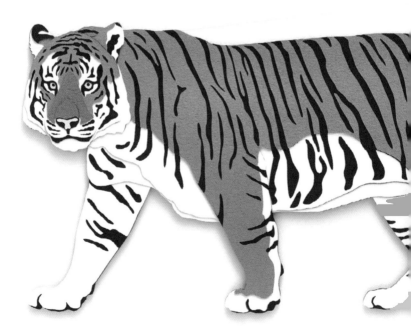

1907년 인도 참파왓에서 16세 소녀가 호랑이에게 물려 죽었어요. 소녀를 죽인 호랑이는 결국 사살됐죠. 호랑이와 사람의 충돌은 아주 오래전 일 같지만 인도에서는 지금도 일어나는 일이에요. 인도에는 전 세계 호랑이의 서식지 25퍼센트가 있으며, 전 세계 호랑이 70퍼센트가 살거든요. 생계 때문에 땔감과 공예용 나무 조각을 줍고 과일 같은 먹을거리를 찾고자 숲으로 들어가야만 하는 인도 사람들 30~40명이 매년 호랑이에게 목숨을 잃어요.

하지만 호랑이도 살려고 숲에서 나오는 거예요. 도시가 팽창하면서 방대한 인도 영토에서도 호랑이가 살아갈 만한 토지는 겨우 5퍼센트에 지나지 않아요. 수 세기에 걸친 사냥으로 호랑이가 먹이로 삼을 만한 야생 동물이 많이 사라졌고요. 서식지와 먹이가 사라진 상황에서 호랑이는 마을로 내려와 가축과 사람을 노릴 수밖에 없죠. 우리는 지난 100년 사이 호랑이의 97퍼센트를 사라지게 했어요. 인간이 지금과 같은 사회를 이룰 수 있었던 건 서로 다른 존재와 공존하는 힘을 가졌기 때문일 거예요. 그러니 호랑이도 사람도 서로 죽고 죽이는 나선에서 내려올 수 있도록 반드시 공존할 방법을 찾아야만 해요.

인도와 방글라데시, 네팔과 부탄에 사는 벵골호랑이는 시베리아호랑이와 함께 가장 거대한 고양이과 동물 중 하나예요. 모든 호랑이가 멸종 위기에 처해 있지만 그나마 벵골호랑이 수가 가장 많아요.

사람도 호랑이도 살 곳이 없다

인도 사람들은 힌두교 정신을 바탕으로 다른 동물 역시 인간과 동등하다고 여기며 자연과 공존해 왔어요. 그런데 이제는 사람을 해치는 호랑이뿐 아니라 그 지역에 사는 모든 호랑이에게 분노를 표출하며 호랑이를 무참히 살해해요. 인도 정부는 사람을 해친 호랑이를 포획해 동물원으로 보내거나 먼 지역으로 방사하거나 때로는 사살해요. 특히 순다르반스처럼 호랑이와 충돌이 심한 곳에서는 호랑이마을 대응팀까지 배치하고요. 하지만 충돌 책임을 호랑이에게만 물을 수는 없으며 그렇게 해서는 문제를 해결할 수도 없어요. 순다르반스는 기후 위기 영향을 받는 곳이에요. 해수면이 상승하면서 호랑이는 물론 사람이 살 곳도 점점 사라지고 있어요. 앞으로 더욱 호랑이는 마을로, 사람은 숲으로 향할 수밖에 없을 테니 아슬아슬하게나마 유지되던 호랑이와 사람의 공존의 벽도 허물어지겠죠. 인도에는 현재 호랑이가 약 3,000마리 있으며, 개체수가 4배까지 증가할 잠재력이 있대요. 하지만 호랑이와 인간의 갈등을 풀지 못한다면 이 잠재력은 결코 드러나지 못하겠죠.

유니버시티칼리지런던(UCL)과 런던동물학회, 노르웨이 자연연구소, 서울대학교는 15~19세기 말 기록을 토대로 한양에 살던 표범을 연구한 결과를 발표했어요. 높은 성벽에 둘러싸이고, 수십만 명으로 북적이던 한양에서 대형 고양이과 동물인 표범은 비록 작은 개체군이지만 잘 적응했어요. 낮에는 버려진 건물이나 사람이 거의 찾지 않는 숲에서 지내다 밤에 나와 길 잃은 개나 다른 동물을 잡아먹으며, 큰 충돌 없이 사람과 공존했죠. 이 연구 결과로 우리는 표범의 뛰어난 적응력뿐만 아니라 도시에서도 인간과 야생 동물이 공존하는 길이 있다는 걸 알 수 있어요. 우리가 받아들일 준비만 되어 있다면 말이죠.

1986년 4월 26일 우크라이나 체르노빌에서는 끔찍한 원자력발전소 사고가 일어났어요. 이 사고로 이웃 나라인 벨라루스를 포함해 사고 지역 반경 30킬로미터가 방사능 물질에 오염되어 사람은 살 수 없게 되었어요. 사람이 떠나고 30여 년, 그곳에는 숲이 울창해졌죠. 식물을 따라 토끼와 사슴이 돌아오고 그들을 따라 늑대와 너구리, 스라소니 같은 포식자도 찾아왔어요. 유럽들소와 불곰 같은 대형 동물도, 새도 다시 자리를 잡았어요. 1998년 프르제발스키도 31마리가 체르노빌로 풀려났고, 불과 5년 만에 개체수가 두 배 이상 늘어났죠. 2004년과 2006년 사이에 또 다시 밀렵으로 개체수가 많이 줄었지만 2018년에는 150마리까지 확인되었고, 벨라루스 국경 너머에는 약 60마리가 살아요. 사람은 살 수 없을 거라 여겨졌던 죽음의 땅이 생명의 땅으로 바뀐 거예요. 2016년 체르노빌은 생물권 보전구역으로 지정되었어요.

2011년 3월 11일, 체르노빌만큼이나 참혹한 원전 사고가 터졌던 후쿠시마도 다시 야생 동물의 서식지로 돌아가고 있죠. 그렇다고 해서 결코 원전 사고와 방사능 유출이 동물에게는 위험하지 않다는 이야기가 아니에요. 유출된 고농도 방사능은 동물의 목숨을 그 자리에서 앗아 갔고 후대에 돌연변이를 일으켰죠. 하지만 개체수에 심각한 영향을 줄 정도는 아니었어요. 이런 사례는 인간만 없다면 비록 그곳에 방사능이 있더라도 동물은 번성할 수 있다는 사실을 보여 줘요. 야생 동물에게는 잔존 방사능보다 야생 서식지에서 인간이 벌이는 행동이 더 나쁜 영향을 끼치는 것 같아요.

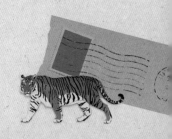

안녕하세요. 코모도왕도마뱀이에요.

우리보다 커다란 무언가가 섬을 돌아다니는 건 난생 처음이에요.

사람들이 우리를 보고 공룡처럼 생겼다고 했는데

사실 너석이 바로 공룡이 아닐까요?

너석은 소리도 커다랗고 무엇보다 우리를 전혀 무서워하지 않네요!

너무 가까이만 다가오지 않는다면 상관없을 것 같기는 하지만요.

위기(EN)

코모도왕도마뱀

Varanus komodoensis

2018년 한 해에만 이국적이고 신비한 파충류를 보려고 인도네시아 코모도섬을 찾은 관광객이 17만 6,000명이나 됐어요. 자연스럽게 섬 개발과 쓰레기, 이에 따른 해양 오염 문제가 생겨났죠. 2019년 빅토르 붕틸루 라이스코닷 주지사는 대규모 관광을 제한하고 관광 수익으로 코모도왕도마뱀의 서식지를 보호하고자 코모도섬 입장권 가격을 인상하겠다고 선언했죠. 한편 2020년 인도네시아 린카섬에서는 '현대판 쥐라기 공원'으로 소개되던 공원 공사가 한창이었어요. 그리고 그해 10월, 거대한 덤프트럭 앞을 코모도왕도마뱀이 막아섰죠. 그 사진이 인터넷에 올라오면서 공사를 중단하라는 대중의 압박이 거세졌고, 유네스코 세계자연유산 측에서도 우려를 표명했지만 공사는 그대로 진행됐어요. 과연 코모도국립공원은 정말 코모도왕도마뱀 서식지보전지역으로 남을 수 있을까요?

한편, 2021년 세계자연보전연맹 적색목록은 코모도왕도마뱀의 멸종 등급을 기존 취약(VU)에서 위기(EN)로 한 단계 올렸어요. 수많은 관광객 때문에 생겨나는 문제도 그렇지만 기후 위기가 미치는 영향이 더 심각하거든요. 해수면 상승으로 향후 45년 사이에 코모도왕도마뱀 서식지의 최소 30퍼센트가 사라질 수 있다고 해요.

코모도왕도마뱀은 인도네시아제도의 코모도섬을
비롯한 주변 크고 작은 섬에서 살아요.
살아 있는 도마뱀 중 가장 무거우며 3미터까지도 자랄 수 있어요.
썩은 고기도 마다하지 않지만 본디 매복 사냥꾼이어서
자기보다 거대한 멧돼지나 물소도 사냥할 수 있는 최상위 포식자예요.

위기(EN)

비늘발고둥

Chrysomallon squamiferum

안녕하세요. 비늘발고둥이에요.

우리가 사는 곳에는 아무도 찾아오지 않아 좋았는데

어쩐지 요즘 손님이 부쩍 늘었어요.

이 깊은 곳까지 우리를 찾아오다니 사람들은 참 굉장하군요.

그런데 여기까지 온 이유가 뭔가요?

2009년 개봉한 SF 영화 〈아바타〉에서 인간은 귀중한 자원인 언옵테늄을 채취하고자 판도라 행성을 개발하려 하죠. 이 때문에 판도라의 생태계가 파괴되고 원주민 나비족이 위험에 빠져요. 〈아바타〉와 같은 일이 지구에서도 벌어지고 있어요.

비늘발고둥은 2001년 수심 2,400~2,900미터에 있는 심해 열수 분출구 단 3곳에서 처음 발견됐어요. 비늘발고둥을 비롯해 심해에 사는 수많은 생명체는 열수 분출구에서 뿜어져 나오는 뜨거운 물과 미량 원소에 의지해 살아가요. 게다가 열수 분출구 주변에는 금과 구리는 물론 희토류 같은 천연 자원이 매장돼 있어요. 스마트폰, 컴퓨터, 태양광 전지, 배터리 등 현대 사회 필수 제품을 만드는 데에 꼭 필요한 물질들이죠. 이에 국제해저기구는 심해 채광 산업을 승인했고, 2019년 세계자연보전연맹 적색목록은 비늘발고둥을 심해 채광 산업으로 멸종 위기에 처한 첫 번째 종으로 지정했어요. 그리고 2021년 12월에는 열수 분출구에서 서식하는 연체동물 184종 중 3분의 2가 멸종 위기에 처했다는 연구 결과가 나왔죠. 이들이 사는 곳은 국제해저기구가 채광을 승인한 곳과 일치했고요.

우리는 심해 생물에 대해 아는 게 거의 없어요. 이들이 사는 세상에 대해서도 거의 모르고요. 또 하나의 세상이, 지구 속 또 다른 우주가 우리의 무지 속에서 사라지고 있어요.

비늘발고둥 껍데기는 꼭 고구려 개마무사가 입던 찰갑 갑옷 같아요. 실제로 껍데기 바깥에는 황화철, 회철석이 함유돼 있죠. 심해 열수 분출구에 살며, 몸 안에 있는 공생 박테리아에게서 모든 영양분을 얻기에 아무것도 먹지 않아요.

태즈메이니아데빌

Sarcophilus harrisii

안녕하세요. 태즈메이니아데빌이에요.

그저 이렇게 타고났을 뿐인데 사람들은 우리 울음소리와 송곳니를 무서워해요.

언젠가 사람들이 우리를 알지 못하는 섬으로 보냈어요.

그저 열심히 살았을 뿐인데 사람들은 우리가 펭귄을 모두 죽였대요.

우리는 늘 그랬듯 주어진 삶을 살아갈 뿐이에요.

1996년 태즈메이니아데빌 사이에서 정체를 알 수 없는 종양이 급속히 퍼졌어요. 데블안면종양질환(DFTD)이라 명명된 이 질병은 태즈메이니아데빌 안면에 암 조직이 급속히 퍼지다 1년 이내에 사망하는 전염성 암이에요. 태즈메이니아데빌은 싸우거나 짝짓기를 할 때 상대의 얼굴을 물어뜯는 습성이 있어요. 이 과정에서 DFTD는 빠르게 퍼졌죠. 20년 사이에 개체수가 80퍼센트 줄어 겨우 1만 마리 남짓밖에 남지 않았어요.

하지만 자연이 언제나 그렇듯 놀랍게도 태즈메이니아데빌은 스스로 DFTD를 이겨 내고 있어요. 태즈메이니아대학 질병 생태학자인 로드리고 하메데 박사는 지난 10년간 DFTD 역학 증거를 수집하고 분석했어요. 시간이 지날수록 감염된 후에도 이전보다 훨씬 오래 살아남거나 종양을 극복한 사례가 발견됐어요. 감염 재생산지수도 2003년 3.5에서 2018년 약 1로 떨어졌죠. 이 연구 결과대로면 태즈메이니아데빌은 전염병을 극복하고 다시 개체수를 회복할 수 있을 것 같아요.

작은 반달가슴곰처럼 생긴 태즈메이니아데빌은
캥거루처럼 아기 주머니가 있는 유대류예요.
크기는 작은 강아지만 하지만 육식성 유대류 중에서는 가장 커요.
찢어지는 듯한 울음소리와 입을 크게 벌리며 위협하는 자세,
주로 죽은 동물을 먹고 사는 모습 때문에 악마라는 이름이 붙었어요.

2012년 태즈메이니아 연안 마리아섬으로 태즈메이니아데빌 28마리가 옮겨졌어요. 과학자들이 DFTD에서 이들을 보호하고자 내린 결정이었죠. 4년 뒤 이 섬에 사는 태즈메이니아데빌은 100마리 가량으로 늘어났어요. 반대로 원래 이 섬에 살던 쇠푸른펭귄(Eudyptula minor)은 3,000쌍이 사라졌어요. 이곳에서 번식하던 다른 바닷새들 역시 수가 크게 줄었죠. 섬에 유입된 태즈메이니아데빌 때문이었어요. 위기에 처한 종을 구하고자 내린 결정이 오히려 다른 종을 위험에 빠트리는 결과로 이어졌죠. DFTD를 피해 동물원이나 야생동물 보호 구역으로 옮겨진 태즈메이니아데빌도 있어요. 하지만 스스로 DFTD를 극복한 야생개체와 달리 보호, 증식된 개체는 DFTD에 면역력이 없어 전염병을 다시 퍼트릴 우려도 있대요. 태즈메이니아데빌 사례는 인간이 적극 개입해서 오히려 더 좋지 않은 결과만 낳았다고도 볼 수 있어요. 하지만 반대로 인간이 나서서 멸종 위기에 처한 종을 제대로 구해 낸 사례도 많아요. 그러므로 우리는 멸종 위기종을 구하려는 노력을 포기해서는 안 되죠. 신중하게 접근하고, 꾸준히 연구하면서 끊임없이 더 좋은 방법을 찾아 나가야해요.

1935년 호주 퀸즐랜드의 사탕수수 농장에 수수두꺼비(*Bufo marinus*)가 도입됐어요. 사탕수수 뿌리를 갉아 먹는 수수딱정벌레 유충 퇴치용으로요. 하지만 수수두꺼비는 딱정벌레 퇴치에는 거의 도움이 되지 않았어요. 대신 호주의 토종 생물을 마구 잡아먹으며 빠른 속도로 퍼져 나갔죠. 수수두꺼비에게는 강한 독이 있어서 자기를 잡아먹는 호주 토종 포식자들까지 죽음으로 몰고 갔죠. 특히 주머니고양이(*Dasyuromorphia*)와 민물악어(*Crocodylus johnstoni*)가 큰 피해를 봤어요. 현재 호주에 사는 수수두꺼비는 약 15억 마리로 추정돼요.

외래종과, 사람에게 피해를 입히는 종의 개체수를 조절하는 데에 그 종의 천적을 이용하는 생물방제는 생태계의 먹이그물을 활용한다는 점에서 매우 과학적으로 보이며, 인간이 자연에 개입한다는 죄책감도 덜 수 있죠. 하지만 오랜 세월에 걸쳐 자연스럽게 형성된 생태계 시스템에 인위적으로 새로운 종을 끼워 넣는 건 수수두꺼비 사례처럼 좋지 않은 결과만 가져올 수 있어요. 사실 지금까지 대부분 경우가 그랬죠. 그렇기에 새로운 종을 어떤 환경에 유입하는 일은 아주 조심스러워야 해요.

'생물 방제'라는 달콤한 사탕

산고릴라 ☐☐

Gorilla beringei beringei

안녕하세요. 산고릴라예요.

세상에는 두 종류 사람이 있어요.

지금 우리와 함께 있는 사람들처럼 고릴라를 몹시 좋아하는 사람.

그리고 고릴라를 몹시 싫어해서 우리를 찾아내 죽이는 사람.

하지만 둘 다 총을 들고 있어서 구별하기가 무척 힘들어요.

먼저 세상을 떠난 친구들이 둘을 구별할 줄 알았다면 얼마나 좋았을까요.

고릴라는 서부고릴라와 동부고릴라로 나뉘며 각각 또 두 아종으로 나뉘어요. 산고릴라는 동부고릴라에 속하죠. 고릴라는 힘이 세지만 가슴을 두드려 소리를 내며 불필요한 싸움을 피하는 온순한 초식동물이에요. 가족 단위로 모여 생활하며 도구를 쓸 줄 아는 지적인 동물이기도 해요.

2021년 9월, 14살 산고릴라 은다카지가 그동안 자기를 돌봐준 공원 관리인 안드레 바우마의 품에서 숨을 거뒀어요. 은다카지는 2007년 7월, 불법 무장 단체 총에 맞아 죽은 엄마 품에서 발견됐고, 평생을 콩고 민주공화국 비룽가국립공원 고릴라보호소에서 살았어요.

콩고민주공화국에서는 숯이 막대한 돈벌이 수단이다 보니 숯을 얻고자 불법으로 숲을 태우는 일이 비일비재해요. 정치 상황이 불안해서 숯을 놓고 벌어지는 범죄도 많고요. 이런 상황은 산고릴라와 산고릴라 서식지인 비룽가국립공원에 가장 큰 위협이 되죠. 불법 무장 단체가 숲을 태우는 데에 방해가 되는 산고릴라를 죽이는 일이 끊이지 않거든요. 다행히 비룽가국립공원에는 24시간 내내 산고릴라를 지키는, 자동 소총으로 무장한 순찰 대원이 700명이나 있어요. 비록 지금까지 200명이 넘는 순찰 대원이 무장 단체에게 살해됐지만, 그들은 포기하지 않고 산고릴라를 지키고자 헌신적으로 노력했어요. 그 결과 2007년 720마리였던 산고릴라 개체수는 2021년 1,063마리로 늘어났죠.

산고릴라 보호와 더불어 비룽가국립공원은 생태 관광 수익의 일부를 수력 발전소와 도로 같은 기반 시설을 건설하는 데에 쓰고, 지속 가능한 농업과 어업 방식을 적용해 지역 주민의 삶을 개선하는 데에도 힘써요. 숲을 불태우고 고릴라를 죽이면서는 결코 진정한 경제 발전을 이룰 수 없다는 걸 알기 때문이겠죠.

안녕하세요. 푸른바다거북이에요.

우리는 12자매랍니다.

저만 자매가 많은 줄 알았는데

얼마 전에 다른 친구들도 그렇다는 소식을 들었어요.

형제가 있는 바다거북은 딱 한 친구뿐이었죠.

세상에 이렇게 바다거북 자매가 많다니 신기하지 않나요?

위기(EN)

푸른바다거북

Chelonia mydas

푸른바다거북의 가장 큰 산란지인 레인섬에서 미국 국립해양대기청 캠린 앨런은 푸른바다거북의 성별을 조사하다가 매우 깜짝 놀랐어요. 레인섬에서 태어난 푸른바다거북의 암수 비율은 116 대 1이었거든요. 일부 거북과 도마뱀, 악어는 수정 과정에서가 아니라 수정 후 둥지 온도에 따라 성비가 결정돼요. 바다거북은 대략 29도 이상이면 암컷, 그보다 낮으면 수컷으로 태어나요. 지구 가열화가 지속되며 산란지 해변 모래의 온도가 상승해 대부분 개체가 암컷으로 태어난 거죠.

과학자들은 지구 가열화 때문에 바다거북 7종 모두에서 심각한 성비 불균형이 일어날 거라 해요. 샌디에이고 주변 산란지에서도 암컷 비율이 65퍼센트에서 78퍼센트로 올라갔고, 엘살바도르의 매부리바다거북(*Eretmochelys imbricata*) 개체군은 85퍼센트가 암컷이었어요. 해변 온도가 높아지면 갓 부화한 새끼들의 활동성도 떨어져요. 더불어 기후 위기에 따라 해수면이 상승하고 폭풍이 잦아지면서 바다거북의 산란지인 해변도 파괴되고 있고요. 1억 년 전 지구에 처음 등장해 여러 차례 대멸종에서 살아남은 바다거북에게도 인류세 기후 위기는 엄청난 위협이에요.

푸른바다거북은 바다거북속에 속하는 진정한 바다거북이죠. 몸속 지방 색깔이 초록색이라 영명은 Green Sea Turtle이에요. 주로 열대나 아열대 바다에서 살아가는데 봄과 여름에는 제주 앞바다나 남해안에서도 가끔 만날 수 있어요.

위기(EN)

아이아이

Daubentonia madagascariensis

안녕하세요. 아이아이예요.
사람들은 우리를 보면 꼭 나쁜 짓을 해요.
숲에 숨어서 가만 들어 보니
사람들은 우리를 만나면 자기가
반드시 죽는다고 생각하나 봐요.
하지만 우리를 만난 사람들은
다음날 멀쩡히 살아 숲에서
나무를 잘랐어요.
오히려 돌아오지 못한 건
제 친구들이었죠.

아이아이와 인간은 같은 영장류여서 생물학적으로 매우 가까운 사이지만 마다가스카르 원주민은 아이아이를 마을에 저주를 내리는 악마라 믿으며 박해했어요. 아이아이가 가늘고 긴 세 번째 손가락으로 누군가를 가리키면 그 사람은 반드시 죽을 거라 여겼어요. 그래서 사람들은 아이아이를 발견하면 그 자리에서 바로 죽였어요.

2017년 영국의 생물학자이자 코미디언 사이먼 와트는 단지 못생겼다고 해서 대중의 관심을 받지 못하는 멸종 위기 동물의 인지도를 높이고 이들을 보호할 길을 마련하고자 '못생긴동물보호협회'를 설립했어요. 못생겼다, 징그럽다, 무섭다, 불길하다, 예쁘다, 귀엽다는 평가는 동물을 바라보는 인간의 기준에 따른 것일 뿐이에요. 모든 동물은 각자 생태계에 적응한 아름다운 진화의 산물이죠. 아직까지 아이아이를 보고 정말 죽었다는 사람은 없어요. 하지만 인간과 마주친 아이아이는 대부분 죽음을 맞았으니 죽음의 징조이자 불길함의 상징은 아이아이가 아니라 인간이 아닐까요?

아이아이는 마다가스카르섬에 사는 야행성 여우원숭이예요.
평생 자라는 앞니 두 개 때문에 설치류로 오해받고는 해요.
귀가 커서 미세한 소리도 잘 감지하죠.
세 번째 손가락이 유난히 가늘고 길어서 나무 구멍 속에 있는
애벌레나 알 속 내용물을 꺼낼 수 있어요.

아프리카들개

Lycaon pictus

안녕하세요. 아프리카들개예요.

예전에는 아무리 달리고 달려도 끝나지 않는

초원이 있었어요. 하지만 지금은 조금만 달려도

우리를 막는 울타리와 도로가 있네요.

이쪽으로 가 보고 저쪽으로 가 봐도 소용이 없어요.

지칠 때까지 달리고 달려 본 게 언제인지 모르겠어요.

그래도 우리는 계속 달릴 거예요. 그렇게 살아왔으니까요

얼룩덜룩한 무늬가 인상적인 아프리카들개는
아프리카 야생에서 가장 큰 개과 동물이에요. 번식을 독점하는
우두머리 한 쌍을 중심으로 10~20마리 남짓 되는 팩(무리)을 이루고 살아가죠.

아프리카들개는 사냥법 때문에 잔혹한 동물로 인식되고는 해요. 대형 고양이과 동물처럼 목을 물어 먹이를 질식시킬 수 없기에 먹잇감의 숨이 채 끊어지기도 전에 먹어 버리거든요. 사람 눈에는 매우 잔혹해 보일지라도 야생에서 살아남고자 자기에게 맞는 사냥 기술을 체득한 것뿐이죠. 아프리카들개의 사냥 성공률은 60퍼센트에서 최대 90퍼센트에 이르러요. 사자나 하이에나보다 두세 배나 높죠. 뛰어난 사냥 능력과 더불어 사회성까지 겸비한 아프리카들개는 자기보다 훨씬 거대한 포식자와 초식동물이 우글거리는 아프리카 야생에서 성공적으로 살아남았어요.

상황이 달라진 건 유럽인들이 아프리카로 들어오면서부터였어요. 유럽인들은 가축을 해친다는 명목으로 아프리카들개를 학살했어요. 한때 수십만 마리에 이르렀을 아프리카들개는 이제 원래 서식지의 7퍼센트도 되지 않는 지역에서 겨우 6,000~7,000마리만 남아 있을 뿐이죠. 그런데 사람들은 야생에서 사는 아프리카들개가 1만 마리는 넘는다고 생각한대요. 하이에나를 아프리카들개로 착각하는 사람이 많아서 그런가 봐요. 관심과 이해는 야생 동물을 보호하는 토대가 돼요. 오늘 아프리카들개를 알았으니 우리는 이제 야생 동물을 보호하려는 첫발을 내딛은 셈이에요.

하와이수도사물범

Monachus schauinslandi

안녕하세요. 하와이수도사물범이에요.

사람들은 우리가 수도사를 닮았다고 해요.

수도사가 누구인지 잘은 모르지만

모두의 행복과 평화를 위해 기도하는 사람이라 들었어요.

그런데 그 '모두'에 우리는 포함되지 않는 건가요?

우리는 어느 때보다도 행복과 평화가 필요해요.

우리를 위해 기도해 주세요.

수도사물범은 세상에서 가장 심하게 멸종 위기에 처한 해양 포유류예요. 하와이수도사물범은 약 1,400마리만이 하와이 보호 구역에서 지내고요, 친척인 지중해수도사물범은 하와이수도사물범보다도 개체수가 더 적어요. 카리브해수도사물범은 아예 멸종했죠. 수도사물범도 19세기 고래잡이 산업의 희생자였어요. 기름과 가죽, 고기를 얻으려고 사람들이 남획했죠.

태평양 전쟁 때에는 라이산섬과 미드웨이를 점령한 미군이 하와이수도사물범을 사냥했어요. 이 때문에 하와이수도사물범은 개체수 병목 현상이 일어날 만큼 수가 줄었어요. 당연히 유전자 풀이 매우 좁아지면서 새끼의 생존력이 떨어져 사망률이 높아졌죠. 기후 위기 때문에 하와이 해안은 침식 작용이 심해졌고 해수면이 상승해서 물범이 쉬고 새끼를 기를 만한 곳이 사라져 가고 있어요. 그나마 얼마 남지 않은 해안은 관광객으로 가득하고요.

다행스럽게도 2016년 오바마 전 미국 대통령은 하와이 자연보호 지역을 기존의 4배로 늘렸어요. 파파하나우모쿠아케아 해양국립 공원은 텍사스 크기의 약 2배이고 세계 최대 해양 보호 구역이며 미국의 모든 국립공원을 합친 것보다 더 거대하죠. 하와이 해변의 수도사들을 위해 기도해요. 이곳이 물범의 영원한 낙원으로 남기를, 물범에게 안녕과 평화가 함께하기를.

목 뒤로 주름이 접히는 피부가 마치 수도사의 로브 같아 보여요.
수도사물범은 다른 기각류와 달리 따뜻한 바다에 살아요.
그중 하와이수도사물범은 하와이 북서부 해변에서 볼 수 있으며
혼자 혹은 작은 무리를 이루어 지내요.

프르제발스키말

Equus ferus przewalskii

안녕하세요. 프르제발스키말이에요.

사람들은 우리를 자유로운 야생마라고 생각해요.

하지만 우리 삶은 그다지 자유롭지 못해요.

아무 걱정 없이 뛰어다닐 만한 곳이 거의 없거든요.

그런데 요즘 아주 좋은 곳을 찾았어요.

사람들이 살던 흔적은 있지만 이제는 사람이 한 명도 살지 않아요.

여기라면 우리도 편하게 지낼 수 있을 것 같아요.

지구에 남은 마지막 야생마로 알려진 프르제발스키말은 우리가 흔히 아는 말보다 동글동글하면서 다리가 조금 짧아요. 하지만 최근 연구 결과에 따르면 프르제발스키말도 수천 년 전 가축화됐다가 다시 야생화됐다는 사실이 드러났죠. 중앙아시아 대초원 지대에서 작은 무리를 이루고 살아가요.

학계에 처음 알려졌던 1881년 당시에도 프르제발스키말은 이미 희귀한 종이었어요. 초원에 방목된 가축과 경쟁하며 살아가고 있었고, 사람에게 붙잡혀 가축 말과 교배되기도 했어요. 희귀한 야생마를 소유하려는 사냥꾼에게 죽거나 생포되는 일도 있었고요. 1902년 포획된 28마리는 유럽과 미국의 여러 동물원으로 보내졌지만 제2차 세계 대전 뒤 전 세계에 남은 프르제발스키말은 고작 12마리뿐이었어요. 야생에서는 1969년에 자취를 감췄고요.

1977년 네덜란드 로테르담에서 프르제발스키말 보존·보호 재단이 설립됐어요. 재단의 노력으로 1990년대에는 사육 프르제발스키말이 1,500마리 이상으로 늘어났어요. 1992년 16마리를 시작으로 전 세계 동물원에서 보호되던 프르제발스키말이 속속 야생으로 돌아갔어요. 2020년 기준으로 보호를 받는 프르제발스키말은 약 760마리이며 몽골과 중국, 러시아 야생으로 돌아간 프르제발스키말은 약 1,200마리예요. 하지만 여전히 가축 말과의 교잡, 목동과의 충돌, 가축에게서 옮는 전염병 문제 등이 위협 요소로 남아 있어요.

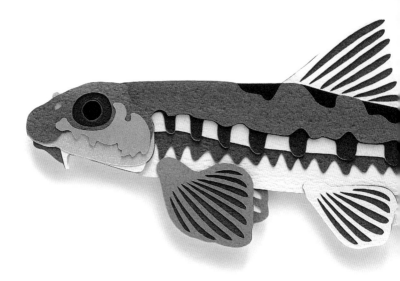

여울마자

Microphysogobio rapidus

안녕하세요. 여울마자예요.

우리가 처음 강으로 왔을 때를 기억해요.

맑은 물이 힘차게 흐르고 바위에는 먹을거리가 가득했죠.

하지만 갑자기 큰소리가 들렸고 강은 이전과 많이 달라졌어요.

물은 이제 맑지 않고 바위는 진흙투성이에요.

우리는 더 이상 여기서 살 수 없을 거 같아요.

어디로 가야 할까요?

여울마자는 낙동강 남강수계에서만 볼 수 있는
한국 고유종이에요.
하천 중상류의 얕고 물살이 세며
자갈이 깔린 강바닥에서 살아가요.
주로 바위 표면에 붙은
조류를 먹고 살지요.

모래주사속과 꾸구리속에 속하는 물고기는 공통점이 몇 가지 있어요. 한국 고유종이 많다는 점, 물살이 세고 고운 모래나 자갈이 깔린 물 바닥에 산다는 점, 하천 변화에 매우 민감하게 반응한다는 점이에요. 그래서 이들은 무분별하게 이루어지는 하천 정비 사업과 모래 채취, 수질 오염으로 대부분 멸종 위기에 처했어요. 환경부는 2016년 9월 멸종위기 담수어류 보전계획을 세웠어요. 인공 번식은 성공적으로 진행되는 듯했지만 실상은 그렇지 못했죠.

2019년 10월 남강에서 대규모 준설 공사가 이루어졌어요. 이곳은 같은 해 5월 8일 인공 번식된 여울마자 치어 1,000마리를 방류한 곳이었죠. 이후 소규모 환경영향평가 협의 없이 공사가 시행됐으며 환경부에서도 여울마자 방류 후 모니터링과 서식지 관리를 소홀히 했다는 사실이 드러났어요. 2021년 2월 중순이 돼서야 남강은 원래 모습을 찾을 수 있었죠. 멸종 위기종을 복원하는 일에서 정부와 지방자치단체가 유기적으로 협력하는 게 얼마나 중요한 일인지 다시금 생각하게 하는 사건이었어요. 멸종 위기종 복원은 단순히 개체수를 늘리는 것에서 끝나서는 안 돼요. 서식지도 반드시 함께 보전해야죠. 애써 세상에 태어난 멸종 위기종이 다시 사라지는 일만큼 허무한 일은 없을 테니까요.

안녕하세요. 해바라기불가사리예요.

무기력한 기분이에요.

요즘 부쩍 뜨거워진 바다 때문이 아닐까 싶어요.

이맘때면 멋지게 자란 켈프 숲을 보는 게 참 기분 좋았는데

어째서인지 이제는 북적이는 성게밖에 보이지 않네요.

성게는 제가 좋아하는 먹이예요.

그렇지만 오늘은 식욕도 생기지를 않네요.

몸이 나으면 다시 이야기해요.

위급(CR)

해바라기불가사리

Pycnopodia helianthoides

다시마속에 속하는 대형 갈조류인 켈프는 다 자라면 키가 30~80 미터에 이르죠. 북동태평양 주변 해안에서는 다 자란 켈프가 거대한 숲을 이뤄요. 무성한 켈프 숲에서는 제곱미터당 10만 마리 이상 되는 이동성 무척추동물을 볼 수 있죠. 이들은 곧 물고기와 바다사자, 해달 같은 바다 포식자를 불러 모으고요.

북동태평양 생태계의 근간인 켈프 숲이 최근 빠르게 붕괴되고 있어요. 북부 캘리포니아에서는 2019년 기준 약 10년 만에 95퍼센트가 사라졌죠. 원인은 성게의 이상 번식 때문이에요. 켈프 숲에서 성게를 잡아먹던 해바라기불가사리가 사라지면서 성게 수가 급증한 거죠.

2013년에서 2015년 사이에 불가사리 사이에서 불가사리소모병이라는 끔찍한 질병이 퍼졌어요. 이 병에 걸린 불가사리는 다리가 분해되며 천천히 죽어 갔죠. 특히 해바라기불가사리가 심각한 타격을 입었어요. 약 57억 5,000만 마리가 죽었고, 전 세계에서 개체수가 90.6퍼센트나 감소했어요. 지금은 과학자들이 인공 번식을 시도하고 있어요. 켈프 숲은 막대한 탄소를 저장하고 엄청난 산소를 만들어 내며 수질을 정화해요. 해바라기불가사리를 지켜 낸다면 우리는 기후 위기를 극복할 든든한 아군을 다시 얻을 수 있을 거예요.

해바라기불가사리는 우리가 흔히 아는 별 모양 불가사리랑은 생김새가 달라요. 세상에서 가장 거대한 불가사리 종류로 1미터까지 자라며 다리가 16~24개 있어요. 북동태평양에 살며 주로 성게를 잡아먹죠.

장완흉상어

Carcharhinus longimanus

안녕하세요. 장완흉상어예요.

우리는 지느러미가 커다래서 넓디넓은 바다를 헤엄쳐 다닐 수 있어요.

지느러미 없는 상어는 들어본 적도 없는데

어제 바로 제 눈앞에 지느러미 없는 상어들이 나타났어요.

그 친구들은 고통스러운 표정으로 하염없이 깊은 바다로

가라앉기만 했어요.

제가 친구들을 도울 방법은 없는 걸까요?

장완흉상어는 커다랗고 둥근 가슴지느러미 끝에 흰색 물감을
묻힌 것 같은 하얀 무늬가 인상적이에요. 육지에서 멀고 따듯한 바다를 좋아하며,
끝이 보이지 않은 대양을 돌아다녀요. 수면 근처에서 느릿느릿
헤엄치지만 먹이를 발견하면 행동이 재빨라져요.

장완흉상어는 한때 대양에 가장 많았던 상어지만 1995
년과 2010년 사이 개체수가 93퍼센트나 감소했어요.
2004년 조사 결과 멕시코만에서는 99퍼센트가 사라졌
죠. 장완흉상어를 비롯한 전 세계 상어와 가오리의 37퍼
센트가 멸종 위기에 처했어요. 상어의 지느러미로 만드
는 스프 샥스핀 때문이죠.

샥스핀은 중국 문화권에서 부자들이 즐기고, 결혼식에
서 하객에게 대접하는 요리로 각광을 받아요. 특히 중국
경제가 발전하며 샥스핀 소비가 더 증가했죠. 어부들은
상어를 잡아 값비싼 지느러미만 잘라 낸 뒤 숨이 끊어지
지 않은 상어를 쓰레기 버리듯 바다로 던져 버려요. 상어
는 끊임없이 헤엄치며 아가미로 물을 밀어 넣어야 숨을
쉴 수 있어요. 지느러미가 잘린 상어는 바다 아래로 가라
앉다가 서서히 질식해 죽죠. 매년 1억 마리 이상 상어가
단지 샥스핀 때문에 이렇게 죽어 가요. 상어 지느러미는
사실 아무런 맛이 없고 젤라틴 같은 식감만이 특징이에
요. 이 식감을 구현한 모조 샥스핀이 이미 판매되고 있는
데도 진짜 상어 지느러미를 먹겠다는 인간의 그릇된 욕
망 때문에 수많은 상어가 여전히 고통받고 있어요.

위급(CR)

양쯔강대왕자라

Rafetus swinhoei

안녕하세요. 양쯔강대왕자라예요.

100년이라는 세월을 살아오면서

다른 대왕자라를 더 이상 만나지 못할 거라 생각한 적은 없었어요.

제가 혼자서만 너무 오래 산 걸까요?

이제 세상에 저만 남은 건 아닐까 하는

무서운 생각이 들기 시작했어요.

제발 아니라고 말해 주세요.

세상에서 가장 큰 민물거북 중 하나인 양쯔강대왕자라는 중국 남부와 베트남 북부에 살아요. 서식 지역의 많은 신화 속 주인공으로 등장했어요. 15세기 베트남 호안끼엠호수에서 살던 양쯔강대왕자라가 마법의 검을 레 러이에게 줬고, 이에 레 러이가 명나라를 몰아내고 황제가 됐다는 신화가 가장 유명하죠.

양쯔강대왕자라는 신화 속에서는 추앙받는 존재였지만 현실에서는 그렇지가 않았죠. 대왕자라의 뼈는 진귀한 약재로 약 2,000달러에 팔렸고요. 중국과 베트남의 공업 발전으로 수질 오염이 심각해졌고, 하천에 댐과 보가 건설되며 서식지가 파괴됐어요. 베트남 호안끼엠호수에 살던 양쯔강대왕자라는 2016년 1월 19일 마지막 개체가 죽으면서 완전히 사라졌죠. 그 후 알려진 양쯔강대왕자라는 중국 창사동물원의 암컷과 쑤저우동물원의 수컷 그리고 성별이 확인되지 않은 베트남의 야생 개체 두 마리뿐이었어요.

양쯔강대왕자라를 복원하려고 창사동물원의 암컷과 쑤저우동물원의 수컷을 교배하는 시도가 있었어요. 그러던 2019년 4월 인공 수정을 시도하는 과정에서 암컷 양쯔강대왕자라가 죽었어요. 우리는 또 한 종이 지구에서 사라지는 모습을 지켜봐야 하는 처지가 됐죠. 다행히 2020년 10월 22일 베트남 덩모호수에서 살던 양쯔강대왕자라 한 마리를 포획해 샘플을 채취하고 야생으로 돌려보냈어요. 2021년 암컷으로 확인된 이 대왕자라는 양쯔강대왕자라를 멸종의 기로에서 구해 낼 희망이 됐어요. 마치 베트남을 위기에서 구해 낸 레 러이의 마법 검처럼 말예요.

인드리

Indri indri

안녕하세요. 인드리예요.

사람들에게는 우리 노랫소리가 들리지 않는 걸까요?

매일 매일 큰소리로 노래하는데

사람들은 계속 우리가 사는 숲을, 나무를 계속 잘라 내기만 해요.

더 크게 노래하면 우리 이야기를 들어줄까요?

현존하는 여우원숭이 종류 중에서 가장 큰 축에 속하는 인드리는 인간 이외에 유일하게 리듬을 타는 영장류예요. 이탈리아 토리노 대학교 연구원 키아라 데 그레고리오는 동료들과 함께 12년 동안 마다가스카르 열대우림에서 인드리를 관찰했어요. 연구진은 636개 음성을 분석해 인드리가 2박자 구조로 노래한다는 사실을 발견했죠. 주로 음표 사이 간격이 균일한 1:1 비율과 두 번째 음정이 두 배로 긴 1:2 비율로 노래했어요. 수컷은 에너지를 아끼고 더 오랫동안 노래하려고 음 사이의 지속 시간을 길게 늘려서 점점 느리게 노래를 마무리했어요. 인드리의 리듬감이 타고난 것인지 아니면 학습하며 발달하는 것인지는 아직 밝혀지지 않았어요. 이 점을 우리는 영영 밝혀내지 못할지도 몰라요. 인드리는 심각한 멸종 위기종이거든요.

인드리 서식지인 울창한 산림은 화전 농업과 벌목으로 심각하게 파괴됐어요. 과학자들은 다음 3세대 동안 인드리의 약 80퍼센트가 감소할 것으로 추정해요. 인드리가 사라진다면 우리는 리듬감을 공유하는 영장류를 잃고 말아요. 그러면 사람과 다른 동물이 다르지 않다는 것, 사람만큼이나 다른 동물도 특별하다는 걸 우리에게 일깨워 주는 존재 또한 잃어버리고 말겠죠.

인드리는 노래를 부르며 마다가스카르 숲에 활기를 더해요.
인드리의 노래는 4킬로미터 밖에서도 들을 수 있어요.
일부일처제 가족 단위로 소규모 무리를 이루며, 암컷이 수컷보다 사회적 지위가 높아요.
주로 열대우림 캐노피층에서 지내며 나뭇잎과 씨앗, 과일을 먹으며 살아가요.

위급(CR)

바키타돌고래

Phocoena sinus

안녕하세요. 바티카돌고래예요.

우리가 세상에서 제일 작은 돌고래라고 들었어요.

하지만 우리는 그 말이 잘 믿기지 않아요.

정말 우리가 그렇게 작은 존재라면

어째서 세상에는 우리가 자유롭게 헤엄칠 수 있는

작은 바다도 남아 있지 않은 걸까요?

아주 작아도 좋으니 우리가 마음껏 살 수 있는 바다가 있으면 좋겠어요.

바키타는 스페인어로 작은 소를 의미해요. 바키타돌고래는 1.5미터 정도까지 자라며 오직 캘리포니아만 북쪽 끝 바하캘리포니아에서만 볼 수 있죠. 세상에서 가장 작은 이 돌고래는 세상에서 가장 희귀한 해양 포유류이기도 해요.

2021년 기준 이 세상에는 바티카돌고래가 10여 마리밖에 없어요.[*] 학계에 알려진 지 불과 60여 년 만에 멸종의 기로에 서게 된 거죠. 바키타돌고래는 중국에서 약재로 매우 비싼 가격에 팔리는 토토아바(*Totoaba macdonaldi*)라는 민어과 물고기를 불법으로 포획하려는 어부들의 그물에 걸려 죽어 가요. 자료에 따르면 10년 된 토토아바의 말린 부레는 중국에서 킬로그램당 8만 5,000달러에 팔린다고 해요. 토토아바의 부레는 정력을 좋게 하며 불임과 관절통까지 치료할 수 있다고 알려졌지만 과학적으로 효능이 입증된 적이 없죠.

어부들은 토토아바를 잡고자 수백 미터 길이 그물로 벽을 쳐요. 이 그물에 걸린 바키타돌고래는 숨을 쉬고자 수면으로 올라가지 못해 천천히 익사하고요. 바티카돌고래를 구하고자 활동가들은 지역 어부들에게 혼획 방지 그물을 보급하며 양식과 대안 어업을 제안하고 보호 구역 내 불법 어업을 단속해요. 하지만 큰돈을 손쉽게 벌려는 지역 어부들은 범죄 집단과 결탁해 무장까지 하고 있어요. 2021년 7월 멕시코 정부는 지역 여론을 의식해 바키타돌고래의 마지막 피난처에서 어업을 허용하고 말았어요. 우리는 세상에서 제일 작은 돌고래가 편히 살아갈 아주 작은 바다도 온전히 그들에게 줄 수 없는 걸까요?

[*] 2023년 조사에 따르면 바키타돌고래 개체수는 여전히 10여 마리를 유지하고 있어요. 어른 돌고래는 건강해 보였고 새끼도 있었어요. 꾸준하게 자망을 제거하고 불법 어업을 단속한 결과예요.

유럽햄스터

Cricetus cricetus

안녕하세요. 유럽햄스터예요.

요즘은 저만큼 오래 사는 유럽햄스터가 별로 없어요.

오래 살면서 변해 가는 자연과 건강하지 못한 아이들을 보는 건

생각보다 가슴 아픈 일이네요. 하지만 이제 저도 갈 때가 된 것 같아요.

눈이 오지 않는 겨울과 봄 햇살처럼 밝은 밤도

다른 세상에서는 모두 그리운 일이 될까요.

그렇지만 역시 겨울을 포근히 덮어 주는 눈과

언제나 다양한 먹이를 먹을 수 있었던 옛날의 초원이

저는 더 그리워질 것 같아요.

유럽햄스터는 1996년 세계자연보전연맹 적색목록에서 처음 멸종 위험 단계를 평가했을 때만 해도 최소관심(LC)으로 분류됐는데, 2020년에는 위급(CR)으로 갱신됐죠. 24년 만에 멸종 위험이 없던 종이 멸종 바로 직전에 놓이게 된 거예요. 우크라이나와 러시아에서는 개체수의 75퍼센트가 사라졌고 프랑스에서는 94퍼센트가 사라졌죠. 전문가들은 이대로 간다면 유럽에서 가장 아름다운 이 설치류가 30년 안에 사라지리라 경고했어요.

초원에 사는 유럽햄스터는 도시화로 서식지를 잃었어요. 농경지에서 단일 작물 비중이 늘어나자 영양 상태는 불균형해졌고 평균 체중은 줄어들었어요. 기후 변화로 겨울에 눈보다 비가 더 많이 오니 겨울잠을 자기도 어려운 상황인데, 여기에 빛 공해까지 더해져 겨울잠에서 깨어나는 시기도 제대로 잡지 못하고요. 야생에서 6~8년을 살던 유럽햄스터는 이제 2년 정도밖에 살지 못해요. 유럽햄스터는 핵심종이에요. 유럽 야생에 사는 뱀, 올빼미, 붉은여우 같은 많은 포식자가 유럽햄스터를 먹이로 삼아요. 유럽햄스터가 사라진다면 뒤이어 수많은 포식자가 사라지며 생태계가 연쇄적으로 붕괴하겠죠. 그 다음으로 사라지는 건 우리 아닐까요?

유럽햄스터는 유럽과 서아시아 초원 지역에서 살아요. 반려 햄스터와 비슷하게 생겼지만 다 자라면 몸길이가 30센티미터에 이르러요. 겁이 많아서 누구든지 자신을 만지려고 하면 물어뜯을 준비를 하죠.

긴꼬리코뿔새

Rhinoplax vigil

안녕하세요. 긴꼬리코뿔새예요.

저는 지금 아기 새와 함께 둥지 안에 있어요.

우리는 아기와 엄마를 보호하고자 둥지 입구를 막아요.

조금 답답하긴 하지만 아빠 코뿔새가 먹이를 가져다줘서 괜찮아요.

그런데 아빠 코뿔새가 며칠째 오지 않네요.

아기 새도 저도 배가 많이 고파요.

아마도 굉장히 맛있는 걸 가져오느라 그런 걸 거라 생각해요.

아빠 코뿔새가 돌아오면 다음에는 조금 더 일찍 돌아오라고 말해 둬야겠어요.

코뿔새는 남아메리카에 사는 큰부리새와 많이 닮았지만 둘은
생물학적으로는 관련이 없지요.
이름처럼 꼬리가 긴 긴꼬리코뿔새는 말레이반도를 비롯해 수마트라섬,
태국, 미얀마 등 동남아시아 정글에서 살아요.
덩치가 상당히 크며, 나무 열매 또는 작은 동물을 먹어요.

코뿔새과 일부 수컷의 부리 위에는 거대한 뿔이 자라요. 보통은 뿔 속이 비어 있지만 긴꼬리코뿔새의 뿔은 몸무게의 약 10퍼센트를 차지할 만큼 속이 꽉 차 있죠. 사람들은 오래전부터 이 뿔을 코뿔새 상아라고 부르며 조각 재료로 사용했어요. 단단하기는 하지만 코끼리 상아보다는 물러서 좀 더 섬세한 작업을 하기에 좋으며, 붉은 표면과 달리 은은한 노란빛이 도는 뿔 속은 마치 황금처럼 보였거든요.

2010년대부터 중국과 홍콩의 부유한 사람들 사이에서 부와 권력의 상징으로 코뿔새 상아 조각이 유행하기 시작했어요. 2010년에서 2015년 사이 압수된 코뿔새 상아만 해도 1,800개 이상이었어요. 하지만 압수된 코뿔새 상아는 전체 거래의 약 20%에 지나지 않을 것으로 추정돼요. 2013년 인도네시아 서부 칼리만탄에서만 약 6,000마리 긴꼬리코뿔새가 희생됐어요. 한 달에 최소 500마리가 살해당하는 것으로 추정할 만한 수치죠. 5개월 동안 암컷과 새끼가 있는 둥지 입구를 막고 수컷만 먹이를 물어 나르는 독특한 번식 특성 때문에 수컷이 죽으면 암컷과 새끼도 살아남기 어려워요. 푼난 바족의 신화에서 긴꼬리코뿔새는 삶과 죽음 사이의 강을 지키는 존재예요. 이제는 우리가 삶과 죽음의 경계에서 긴꼬리코뿔새를 지켜 줄 차례예요.

둥근귀코끼리

Loxodonta cyclotis

안녕하세요. 둥근귀코끼리예요. 우리는 숲에 길을 만들어요.

우리가 만든 길은 다른 동물도 이용해요.

그런 모습을 보면 괜히 우리 기분도 좋아진답니다.

하지만 이제 우리는 예전만큼 많지 않아요.

우리가 예전만큼 길을 만들지 못해서 동물들이 숲에서 길을 잃으면 어쩌죠?

아프리카코끼리의 근연종인 둥근귀코끼리는 친척보다 몸집이 작아요.
코는 땅에 닿을 만큼 길고 귀는 이름처럼 둥글며 상아는 곧아요.
아프리카숲코끼리라는 이명처럼 나무가 울창한 산림 지대를 좋아해요.

둥근귀코끼리가 과일을 먹으며 숲속 깊은 곳으로 들어가 배설하는 것만으로 나무 수십 종의 씨앗과 질소 같은 영양분이 숲에 고루 퍼지죠. 또 둥근귀코끼리는 먹이와 물, 소금을 찾아서 수십 킬로미터를 여행하며 열대우림 속에 복잡한 길을 만들어요. 이런 길은 다른 동물이 필요한 자원을 찾을 수 있는 생태계 네트워크가 되어 주죠. 원주민들도 코끼리가 만든 길을 이용하고요. 또한 둥근귀코끼리는 이동하거나 먹이를 먹으면서 굵기 30센티미터가 되지 않는 초목을 주로 쓰러뜨려요. 덕분에 살아남은 주변 나무들은 더 많은 양분과 햇빛을 받으며 자라요. 자연히 숲은 더 건강해지고 이전보다 많은 탄소를 저장할 수 있게 되죠.

그런데 이런 생태계 네트워크가 끊어질 위기에 처했어요. 지난 수십 년간 둥근귀코끼리를 포함한 모든 코끼리가 빠르게 감소했거든요. 바로 상아를 노린 밀렵 때문이죠. 코끼리 상아는 암시장에서 4만 달러에 거래돼요. 국제통화기금(IMF)은 둥근귀코끼리의 개체수를 회복시켜 얻을 수 있는 탄소 포집 서비스의 가치를 1,500억 달러 이상으로 추정했어요. 아직도 멸종 위기종을 지키는 게 경제 발전과 관련이 없다고 생각하나요? 우리는 멸종 위기종을 죽이는 게 아니라 살려 낼 때 더 큰 가치를 얻을 수 있다는 점을 명심해야 해요.

하얀색 황금

코끼리에게 상아는 나무를 쓰러뜨리고 땅을 파며 나무껍질을 벗기고 물건을 옮길 때 쓰는 섬세한 작업 도구이자 적에게서 스스로를 방어하는 무기이기도 하죠. 하지만 인간에게는 값비싼 재료로만 보였어요. 코끼리 상아는 독특한 재질과 순백색 색깔 때문에 고대부터 섬세한 조각 재료로 각광을 받았어요. 당구공과 피아노 건반을 만드는 데에도 쓰였고, 지금도 사치스러운 장식품의 주재료로 쓰이죠. 불과 100년 전만 해도 아프리카에는 코끼리가 1,000만 마리 넘게 있었지만 2016년 기준 약 41만 5,000마리까지 줄어들었어요.

1989년 이미 상아는 국가간 거래 금지 품목이 됐지만 여전히 해마다 약 2만 마리 코끼리가 단지 상아 때문에 목숨을 잃어요. 2018년 상아 거래를 금지하기 전까지 중국은 세상에서 제일 많이 상아를 소비하는 나라였어요. 그 당시 거래되는 모든 상아의 70퍼센트가 중국으로 흘러들어 갔죠. 이제 그 거래는 베트남과 라오스, 태국 같은 아시아 국가에서 이루어지며, 일본이 세계 최대 상아 시장이라는 불명예를 물려받았죠.

중국의 그늘에 가려 있었지만 사실 일본도 원래 상아를 많이 소비하는 나라예요. 일본 전통 조각인 네츠케에서 시작해 담배 파이프를 지나 지금은 고급 도장 재료로 계속 상아를 써요. 1980년대에는 상아 2,700톤, 그러니까 코끼리 12만 마리를 죽여야 얻을 수 있는 양을 수입했죠. 2008년 일본과 중국은 상아를 각각 39톤과 62톤 수입했어요. 이 때문에 2007년과 2014년 사이 코끼리 밀렵이 폭증했고, 보호 활동으로 그나마 증가했던 아프리카코끼리 개체수의 30퍼센트가 급감했죠. 일본

조각가들은 특히 밀도가 높은 둥근귀코끼리 상아를 선호했어요. 아프리카코끼리의 개체수가 지난 50년간 최소 60퍼센트 감소하는 동안 둥근귀코끼리는 31년 동안 약 86퍼센트 이상이 감소했죠. 일본은 여전히 자국 내 상아 거래를 금지하지 않아요. 1990년 이전에 일본에 수입됐다는 증명서만 있으면 되죠. 불법 상아가 합법 상아로 세탁되며 오늘날 일본은 상아 밀수계의 허브 역할을 하고 있어요.

현재 합법적으로 구매할 수 있는 상아는 딱 한 종류예요. 바로 이미 멸종한 매머드의 상아죠. 영구 동토층에는 약 1만 년 전 멸종한 매머드 약 1,000만 마리의 상아가 묻혀 있으리라 추정돼요. 지구 가열화로 영구 동토층이 녹으면서 매머드 상아를 채취하는 일이 쉬워졌어요. 매머드 상아는 한 개에 수만 달러나 해요. 코끼리를 보호하려는 사람들은 매머드 상아가 코끼리 상아 수요를 대체해 코끼리 밀렵을 근절하는 데에 도움이 되리라 생각했죠. 하지만 코끼리 밀렵은 크게 줄어들지 않으며 오히려 코끼리 상아가 매머드 상아로 둔갑해 팔리는 일도 생겨요. 게다가 매머드 상아를 채취하는 과정에서 영구 동토층이 파괴되며 고생물학적 가치가 있는 표본들이 버려지자 매머드 상아 거래가 금지될 가능성도 있어요. 그러면 코끼리 상아 가격이 더욱 폭등하지 않을까 하는 우려도 있죠. 코끼리 상아에 대한 수요와 상아 시장이 존재하는 한 코끼리의 고통은 여전할 거예요. 우리는 야생 동물의 신체를 거래하는 행위를 멈춰야 해요.

안녕하세요. 실러캔스예요.

우리는 인간이 지구에 나타나기 전부터 지구에서 살았어요.

지금까지 어려운 일이 매우 많았지만

요즘만큼 힘든 시기는 없었어요.

바다에는 우리가 먹을 수 없는 게 넘쳐 나고

도망쳐야 할 것도 너무나 많아요.

우리는 지금까지 멸종에서 잘 도망쳐 온 것 같아요.

하지만 이제 멸종은 피할 수 없는 우리 운명일까요?

위급(CR)

서인도양실러캔스
Latimeria chalumnae

1938년 12월 22일 9시 45분 남아프리카공화국에서 소규모 자연사박물관을 운영하던 마저리 커트니 래티머에게 전화 한 통이 걸려 왔어요. 거대한 물고기를 기증하고 싶다는 내용이었죠. 항구에 도착한 래티머 앞에 강철빛이 도는 검은색과 은색 무늬로 얼룩덜룩한 1.5미터짜리 물고기가 놓여 있었어요. 1939년 2월 16일 저명한 어류 전문가 제임스 스미스가 래티머의 편지를 받고 남아프리카공화국으로 왔어요. 그는 길거리에서 갑자기 공룡을 만난 것 같은 충격에 휩싸였죠. 그 물고기는 바로 실러캔스였어요. 화석 기록에 따르면 최초의 실러캔스는 약 4억 2,000만 년 전에 나타났어요. 그리고 6,600만 년 전 멸종한 것으로 여겨졌죠. 스미스는 실러캔스 발견 소식을 알린 래티머를 기념해 학명을 라티메리아 찰룸나에(*Latimeria chalumnae*)라고 지었어요. 몇 년 후 인도네시아 술라웨시섬에서도 또 다른 실러캔스가 발견되죠.

실러캔스는 매년 극소수가 그물에 혼획돼요. 현재 불과 수십에서 수백 마리만이 남아 있을지 몰라요. 사람들은 실러캔스를 살아 있는 화석이라 부르지만 실제로 화석 기록이 남은 실러캔스와 오늘날 실러캔스는 많이 다른 생명체예요. 이 고대 가문은 여러 차례 대멸종을 견뎌 냈지만 인간 때문에 일어난 여섯 번째 대멸종까지 견뎌 낼 수 있을지는 알 수 없어요. 우리가 직접 나서 실러캔스를 지키지 않는 이상 말이죠.

2미터까지 자랄 수 있는 실러캔스는 마다가스카르와 아프리카 동부 해안에서 발견되는 서인도양실러캔스와 인도네시아에서 발견되는 인도네시아실러캔스(*Latimeria menadoensis*)가 있어요. 실러캔스는 100년 가까이 살 수 있으며 수컷은 최소 40년, 암컷은 50년이 넘어야 성적으로 성숙하고 임신 기간은 5년이에요.

위급(CR)

수마트라오랑우탄

Pongo abelii

안녕하세요. 오랑우탄이에요.

우리가 살던 숲이 사라지고 새로운 숲이 생겨났어요.

새로 생긴 숲은 굉장히 특이해요. 한 가지 나무밖에 자라지 않아요.

그래도 숲은 숲이니까 우리는 돌아오려고 했어요.

하지만 사람들은 우리를 매몰차게 내쫓았어요.

어째서 우리가 숲에서 살 수 없는 거죠?

어째서 인간의 숲에서는 오랑우탄이 살 수 없는 건가요?

팜유는 아프리카가 원산지인 기름야자 열매에서 추출하는 기름이에요. 산화에 강하고 실온에서는 반고체 상태를 유지하며 고온에서도 안정적이어서 슈퍼마켓에서 구매할 수 있는 물건의 거의 절반에 팜유가 들어가요. 하지만 우리 삶을 풍요롭게 하는 팜유 때문에 오랑우탄이 사는 보르네오섬 열대우림이 잘려 나가고 불에 타버렸어요. 보르네오섬의 오랑우탄은 지난 75년간 개체수의 최소 80퍼센트가 사라졌어요. 1999년에서 2015년 사이 죽은 오랑오탄 수는 약 15만 마리에 이르고요.

오랑우탄을 생각해 팜유 생산을 금지하면 좋겠지만 지금으로서는 그러기도 어려워요. 팜유는 전 세계 식물성 기름 공급량의 약 35퍼센트를 차지하지만, 재배 면적은 모든 식물성 기름 생산지의 10퍼센트 정도예요. 같은 양의 기름을 얻으려면 콩은 팜유의 약 9배, 해바라기는 약 7배, 유채는 약 5배의 토지가 더 필요해요. 팜유를 다른 기름으로 대체한다면 더 많은 숲이 사라질 수 있어요. 지금 우리가 할 수 있는 일은 팜유를 지속 가능한 작물로 만드는 거예요. 팜유를 조금 덜 소비하고, 윤리적으로 생산할 수 있도록 농장과 기업에 요구해야 해요. 조각난 숲에 사는 '숲의 사람'이 조금 더 크고 건강한 숲에 살 수 있기를 바라면서요.

말레이어로 '숲의 사람'이라는 뜻인 오랑우탄은 보르네오와 수마트라 정글에 3종이 살아요. 침팬지, 고릴라 다음으로 인간과 생물학적으로 가까운 사이인 오랑우탄은 포근한 잠자리와 정교한 도구를 만들 줄 아는 매우 지적인 유인원이에요. 수컷은 플랜지라고 부르는 넓은 볼 패드가 발달하죠.

리젠트꿀빨이새

Anthochaera phrygia

안녕하세요. 리젠트꿀빨이새예요.

어제 암컷 꿀빨이새를 만났어요.

그녀 앞에서 열심히 노래를 불렀지만

그녀는 전혀 알아들을 수 없다는 듯 고개를 갸웃거리기만 하다 떠났어요.

제가 아는 노래는 이것뿐인데 무엇이 잘못된 걸까요?

저 혼자서는 해답을 얻을 수 없을 것 같아요.

제게 노래를 가르쳐줄 수 있나요?

꽃 꿀을 주식으로 삼는 리젠트꿀빨이새는 호주 남동부에서 살아요. 무리 지어 이동하고 매우 사교적이에요. 부르면 고개를 갸웃거린다고 해요. 노랫소리가 아름답기로 유명하죠.

최근 리젠트꿀빨이새의 번식에 심각한 영향을 줄 수 있는 현상이 나타났어요. 젊은 수컷의 노랫소리가 이상해진 거죠. 암컷은 이상하게 우는 수컷과 짝짓기하지 않는 경향이 있기에 매우 중대한 문제였어요. 1986년부터 수집된 방대한 녹음 기록을 비교 연구한 결과 야생에 있는 150여 마리 수컷 중 12퍼센트는 원래 꿀빨이새의 노랫소리와 전혀 다른 소리를 냈어요. 매우 단순한 소리를 내거나 다른 새들의 노랫소리를 흉내 냈죠. 원인은 리젠트꿀빨이새가 너무 적어졌기 때문인 걸로 보여요. 현재 야생 리젠트꿀빨이새는 겨우 350~400마리뿐이죠. 미숙한 수컷은 성숙한 수컷과 어울리며 노랫소리와 짝짓기 의식을 배워야 하지만 개체수가 감소하면서 이런 기회를 잃어버리고 만 거죠.

과학자들은 꿀빨이새를 구하고자 사육한 꿀빨이새에게 녹음된 노랫소리를 들려주고 있어요. 결과는 성공적이었죠. 원래 노랫소리를 배울 기회가 없었던 사육 꿀빨이새는 야생에서 생존 확률이 63퍼센트였지만 노랫소리를 들려준 이후에는 75퍼센트로 증가했거든요. 2021년 노래를 배운 꿀빨이새 58마리가 야생으로 돌아갔어요. 이들은 자기 언어와 문화를 지키며 종족을 보존할 막중한 임무를 수행할 거예요.

위급(CR)

페르난디나갈라파고스땅거북

Chelonoidis phantasticus

안녕하세요. 페르난디나갈라파고스땅거북이에요.
언제부터 혼자였는지 잘 기억이 나지는 않아요.
다른 거북을 줄곧 기다려 왔지만 아직 만나지 못했어요.
사람들은 꼭 제 동족을 찾아 주겠다고 말해요.
저는 아주 오래 살 수 있으니까 조금만 더 혼자 기다릴게요.

페르난디나갈라파고스땅거북은 1906년 마지막으로 발견된 이후 완전히 멸종된 것으로 여겨졌어요. 하지만 생존자의 조난 신호(선인장을 문 흔적과 말라 버린 배설물)는 섬에서 꾸준히 발견됐죠. 2019년 2월 페르난디나갈라파고스땅거북을 찾고자 탐험대가 조직됐어요. 17일 오전 6시에 출발한 탐험대는 곧 신선한 배설물을 발견했죠. 그리고 멀지 않은 곳에 땅거북이 있었어요.

연구팀은 발견한 땅거북을 산타크루즈섬의 사육 센터로 데려갔고 2021년 유전자를 검사해 페르난디나갈라파고스땅거북임을 확인했어요. 사라진 지 115년 만에 재발견된 거죠. 한 세기 전에 큰 화산 폭발이 있었던 탓에(페르난디나갈라파고스땅거북의 절멸 원인이죠) 황폐해진 페르난디나섬에서는 땅거북이 안전하게 살아가기 어려워 사람들은 땅거북을 번식 센터로 옮겼어요. 땅거북의 나이는 100살이 넘은 걸로 추정하지만 200년 가까이 살 수 있는 종 특성을 감안하면 지금도 충분히 번식이 가능하리라 보고 연구팀은 수컷을 찾고자 노력하고 있어요. 페르난디나섬에는 땅거북이 최소 2마리는 더 있을 것으로 보이거든요. 이번에 발견된 땅거북은 혼자가 아닐 거예요. 그리고 마지막도 아닐 거예요.

갈라파고스땅거북은 세상에서 가장 거대한 육지 거북이에요. 갈라파고스에는 섬마다 고유한 땅거북이 살아요. 하지만 사람들이 갈라파고스땅거북을 긴 항해에 필요한 단백질원으로 삼으면서 남획이 이어졌어요. 알려진 15종 중 적어도 3종이 멸종했으며 나머지 종도 심각한 멸종 위기에 처했어요. 페르난디나섬에 사는 페르난디나갈라파고스땅거북도 1906년 수집된 수컷의 등껍데기만이 알려져 있었죠.

유럽밍크

Mustela lutreola

안녕하세요. 유럽밍크예요.

숲을 돌아다니다가 저랑 똑같이 생긴 친구들을 만났어요.

하지만 그 친구들은 모두 좁은 철창에 갇혀 있었어요.

다들 너무 슬픈 표정을 짓고 있었어요.

그 표정이 잊히지가 않아요. 모두 철창 밖으로 나와 자유롭게 살 수는 없을까요.

유럽밍크는 친척인 아메리카밍크와 매우 닮았지만 몸집이 약간 더 작고 꼬리도 더 짧지요.
물을 좋아하는 밍크는 주로 산속 시내나 습지 근처에서 살며 가재를 주로 잡아먹어요.
뒷발에는 물갈퀴가 있어요. 밍크는 겨울과 여름에 털갈이를 하며
아름다운 털은 매우 촘촘하고 두툼하죠.

2020년 12월 덴마크에서는 1,000개가 넘는 농장에 있던 아메리카밍크 1,700만 마리를 살처분하기로 결정했어요. 밍크가 코로나에 감염될 수 있기 때문이었죠. 살처분된 밍크 사체는 얼마 후 부패하며 팽창한 가스와 함께 구덩이를 덮은 흙을 밀고 올라왔어요. 마치 억울한 죽음에 항의라도 하듯이요. 사람들은 부패한 밍크 사체를 이번에는 화력발전소 소각장으로 던져 넣었어요.

아름다운 털과 가죽은 밍크에게 자랑이었겠지만 사람이 이를 안 뒤로는 저주가 됐어요. 아메리카밍크는 대량으로 사육됐고, 친척 바다밍크는 1894년 남획으로 멸종했죠. 유럽밍크도 상황은 마찬가지였어요. 특히나 유럽밍크는 가죽이 질기고 털이 촘촘해서 모피로서 가치가 매우 커 해마다 수만 마리가 사냥을 당했어요. 1800년대까지만 해도 유럽에서 흔했던 유럽밍크는 남획으로 18세기 중반에 이미 대부분 유럽 국가에서 쉽게 볼 수 없었으며, 1950년대 이후에는 거의 사라졌어요. 현재 유럽밍크 서식지는 몇몇 유럽 국가에서 매우 한정된 지역에 조각조각 남아 있을 뿐이죠. 대중은 이제야 밍크코트에 담긴 밍크의 피에 관심을 기울이고, 여러 명품 브랜드도 모피 사용을 금지했어요. 하지만 여전히 밍크코트는 부와 권력의 상징으로 인식되죠. 인간은 영원히 남의 가죽을 잔인하게 벗겨 내 자기 허영심을 채우는 동물로 남기를 원하는 걸까요?

샌드타이거상어

Carcharias taurus

안녕하세요. 샌드타이거상어예요.

우리가 많이 무섭게 생겼나요?

하지만 우리는 사람들이 생각하는 것만큼 무섭지 않아요.

정말 무서운 건 오히려 사람들이에요.

사람들은 자꾸 우리를 죽이는 걸요.

왜 자꾸 우리를 죽이는 거죠?

1975년 6월 20일 미국에서 영화 〈죠스〉가 개봉해요. 죠스는 피터 벤츨리의 소설을 원작으로 식인 상어와 인간의 처절한 혈투를 그린 작품이죠. 소설뿐 아니라 영화도 크게 흥행에 성공했어요. 하지만 상어에게 〈죠스〉는 저주 그 자체였어요. 〈죠스〉의 성공 이후 상어는 사람을 무차별적으로 잡아먹는 식인 괴물이라는 이미지가 확고해졌고 전 세계에서 학살됐죠.

연구에 따르면 북아메리카 동부 해안의 대형 상어 중 50퍼센트가 〈죠스〉 성공 이후 사라졌어요. 특히 인상이 험악한 샌드타이거상어는 심하게 박해를 받았죠. 미국 동부 해안에서는 남획까지 더해져 70~90퍼센트가 사라졌어요. 호주에서도 개체수가 심각하게 줄어들어 1984년 뉴사우스웨일스에서는 보호종으로 지정됐죠. 상어 중에서는 최초였어요. 1990년대에야 샌드타이거상어가 온순하다는 사실이 알려졌죠. 피터 벤츨리는 말년에 상어 보호 운동에 큰 힘을 쏟았어요. 생애 마지막 10년은 상어와 해양 생태계를 보전하고 대중을 교육하는 데에 썼죠. 해마다 인간에게 죽는 상어는 1억 마리로 추산돼요. 그에 비해 상어에게 죽는 인간은 1년에 10명이 되지 않아요. 상어에게야말로 인간이 피에 굶주린 괴물로 보이지 않을까요?

험악한 인상과 달리 사람을 거의 공격하지 않는 샌드타이거상어는 전 세계 따뜻한 바다에 사는 대형 상어예요. 느릿느릿 헤엄치며 공기를 삼켜 부력을 조절해요. 샌드타이거상어는 자궁이 2개 있으며, 각 자궁 속에서는 먼저 알에서 나온 새끼가 나중에 깨어난 새끼와 알을 잡아먹으며 자란 뒤에 태어나요.

안녕하세요. 러스티패치드뒤영벌이에요.

해가 갈수록 우리는 점점 더 바빠져요.

예전에는 조금만 돌아다녀도 필요한 만큼

꽃에서 꿀을 먹을 수 있었죠.

하지만 이제 산과 들에는 본 적도 없는 꽃으로 가득하고

어떤 꽃은 가까이 다가가기만 해도 몸이 안 좋아져요.

앗! 지금도 너무 오래 일을 안 한 것 같아요. 그럼 이만 줄일게요.

위급(CR)

러스티패치드뒤영벌

Bombus affinis

뒤영벌은 우리가 보통 아는 벌보다 덩치가 크고 복슬복슬한 털로 뒤덮여 있어요. 곰 인형 같은 생김새 때문에 많은 사람에게 귀여움을 받아요. 전 세계에 약 250종이 있으며, 정원과 들판을 부지런히 날아다니며 생태계 순환을 돕는 훌륭한 일꾼이죠.

한때 미국 28개 주에서 흔히 볼 수 있었던 러스티패치드뒤영벌은 지난 20년간 개체수의 약 90퍼센트가 감소했고 결국 뒤영벌 중 최초로 멸종 위기종으로 지정됐어요. 2006년 이후 전혀 발견되지 않는 프랭클린뒤영벌(*Bombus franklini*)은 2021년 8월 멸종 위기종으로 지정됐고요. 1974년 이전보다 뒤영벌이 거의 50퍼센트나 줄어든 지역들도 있어요. 2017년 한국에서는 멸종위기 야생생물 Ⅱ급에 참호박뒤영벌(*B. koreanus*)이 이름을 올렸어요.

뒤영벌 감소는 대규모 경작에 따른 서식지 파괴와 살충제 사용으로 추정돼요. 최근에는 기후 위기도 영향을 미쳤다는 연구 결과가 나왔어요. 2020년 캐나다 오타와대학교 연구진은 유럽과 북아메리카 지역 호박벌 66종의 50만 개 이상 데이터를 비교해 기후 변화에 따라 호박벌의 분포와 다양성이 어떻게 변화했는지 분석했어요. 1901~1974년과 2000~2014년을 비교했더니 2000~2014년 개체수가 1901~1974년에 비해 평균 30퍼센트 이상 감소했어요. 북아메리카에서는 46퍼센트, 유럽에서는 17퍼센트 감소했죠. 기온이 높아지고 건조해진 지역일수록 감소가 두드러졌어요. 세계 식량의 90퍼센트는 작물 약 100종에서 비롯하며, 그중 71퍼센트는 벌들의 꽃가루받이에 크게 의존해요. 이 복슬복슬하고 부지런한 친구들을 지키지 못한다면 미래에 우리를 기다리고 있는 건 굶주림뿐일 거예요.

아무르표범

Panthera pardus orientalis

안녕하세요. 아무르표범이에요.

한여름 더위가 처음도 아닌데 올해는 유독 힘이 들어요.

처음 이곳에 와서는 모든 게 당황스럽고 두려웠지만

아내를 만나고 자식들도 두고 나니 옛날 일이 모두 꿈 같아요.

한 가지 그리운 게 있다면 고향에 계신 어머니요.

너무 갑자기 헤어진 통에 인사를 드리지 못했어요.

대신 안부 인사를 전해 주실 수 있을까요?

곧 제가 만나러 가겠다고요.

1962년 2월 12일 경상남도 합천군 오도산에서 표범이 잡혔어요. 이 어린 수컷 표범은 2월 20일 드럼통에 담긴 채 당시 창경원으로 옮겨졌어요. 한표라는 이름이 붙은 이 표범은 이후 인도표범 (Panthera pardus fusca)과 짝을 지어 1972년 9월 17일에 암컷 혼혈 표범 두 마리를 자식으로 뒀죠. 1973년 8월 11일 순환기장애로 쓰러진 한표는 8월 19일 새벽 4시 30분 숨을 거뒀어요.

1963년 11월 13일 한표가 사로잡혔던 오도산에서 다 자란 암컷 표범이 올무에 걸렸어요. 한표의 어미였을지도 모를 이 표범은 10시간 동안 몸부림치다 죽었죠. 한표의 짝이 될 뻔한 앞발이 잘린 암컷 표범, 1963년 3월 26일 돌을 맞고 죽은 가야산 표범, 1970년 3월 6일 함안군 여항산의 수컷 표범 모두 죽임을 당했고 일부는 토막 나 한약재로 팔렸어요. 남한에서 표범은 완전히 사라진 걸로 보여요. 마지막으로 기록된 5마리 표범이 살아 있었다면 비록 야생으로 돌아가진 못했더라도 한국 표범의 명맥은 이어졌을지도 몰라요. 하지만 한국 표범을 아껴 준 한국 사람은 아무도 없었어요. 한국의 표범과 호랑이가 사라진 현실을 조명한 건 한국인이 아니라 일본의 동물문학작가 엔도 키미오였죠. 당시 사람들에게 표범은 사람을 해치는 해로운 동물이라는 인식이 강했고, 혼란한 국내 정세 속에서 멸종해 가는 동물을 보호해야 한다는 의식은 아직 생겨나지 않았겠죠. 그러나 수십 년이 지난 지금의 우리는 그때보다 더 나아졌을까요?

아무르표범은 주로 만주와 러시아 연해주 그리고 한반도 산림 지역에 살던 표범이에요. 무늬가 매우 아름다운 털은 겨울에는 색이 밝아지며 아주 길어지고 촘촘해지죠. 야생에 불과 100여 마리밖에 남지 않았어요.

바하마동고비

Sitta insularis

안녕하세요. 바하마동고비예요.

허리케인은 이제 다 지나간 건가요?

어젯밤은 엄청난 비바람에 몸을 가누는 것조차 힘들었어요.

이제 우리가 몸을 숨길 나무도 거의 남아 있지 않아요.

한 번 더 허리케인이 지나간다면 다음날 아침에

안부 인사를 건넬 수 있을지 저도 잘 모르겠어요.

부디 앞으로는 날씨가 늘 화창할 거라고 말해 주세요.

따스한 햇살에 깃털을 말릴 수 있을 거라고 말해 주세요.

바하마제도의 그랜드바하마섬 소나무 숲에 살던 바하마동고비는
친척인 갈색머리동고비(*Sitta pusilla*)와 매우 닮았어요.
하지만 바하마동고비가 얼굴 줄무늬가 더 어둡고
부리는 좀 더 길며 날개는 더 짧아요. 울음소리도 다르고요.

1950년대 그랜드바하마섬, 바하마동고비의 서식지인 소나무 숲에서 대규모 벌목
이 있었어요. 리조트를 지을 땅을 마련하려고요. 서식지가 많이 손실됐지만 다행히
바하마동고비는 사라지지 않았어요. 1969년과 1978년 조사에서는 제법 흔하게 볼
수 있었고, 2004년에는 약 1,800마리가 사는 것으로 추정됐어요. 하지만 2007년
조사에서는 단 23마리만이 발견됐어요. 급격한 감소 원인은 알려지지 않았죠.
2016년 가장 강력한 5등급 허리케인 매슈가 그랜드바하마섬을 휩쓸고 지나갔어요.
소나무는 강력한 바람에 쓰러지고 바닷물은 토양을 오염시켰죠. 살아남은 소나무도
바닷물에 침수돼 죽어 갔어요. 2016년 6월 이후 바하마동고비는 관찰되지 않았어
요. 2018년 조사팀은 6주간 약 400킬로미터를 걸어 다닌 끝에 겨우 바하마동고비
를 발견했어요. 약 5마리가 살아남은 것으로 추정됐죠. 2019년에는 또 5등급 허리
케인 도리안이 이틀에 걸쳐 그랜드바하마섬을 지나갔어요. 이후 바하마동고비를 본
사람은 아무도 없어요. 과학자들은 아직 바하마동고비가 남아 있을 가능성을 염두
에 두지만 강력한 허리케인이 계속해서 그랜드바하마섬을 지나간다면 바하마동고
비는 살아남지 못할 거예요. 기후 위기로 허리케인은 더 강력해지고 더 자주 발생해
요. 우리가 기후 위기를 막지 못한다면 바하마동고비는 미래에 인간이 일으킨 기후
위기로 멸종한 첫 번째 조류로 기록되지 않을까요.

위급(CR)

자바로리스

Nycticebus javanicus

안녕하세요. 자바로리스예요.

제가 여기까지 오게 된 이야기를 한 적이 있나요?

좁은 상자에 갇혀 있다 처음 본 건 눈이 아플 정도로 눈부신 빛이었어요.

그리고 정말 아팠어요.

누가 우리 이빨을 자르고 있었거든요!

그렇게 도착한 새집에서 사람들은 제가 평소에 먹지 않는 것들을 줬어요.

우리는 행복하지 않아요. 집으로 돌아가고 싶어요.

2009년 '소냐'라고 불리는 슬로우로리스의 겨드랑이를 간질이는 동영상은 수백 만회 이상 조회수를 기록하며 수천 개 이상 댓글이 달렸어요. 양손에 주먹밥을 쥐고도 주인 손에 있는 먹이를 보며 고민하는 '키나코'라는 로리스의 영상은 SNS에서 큰 화제가 됐죠. 그리고 이런 인기는 로리스를 멸종 위기로 몰아가고 있어요.

귀여운 생김새 때문에 로리스를 애완동물로 소유하려는 사람이 많아요. 로리스는 키우기 쉬울 것 같다는 인식과 달리 사육이 매우 어려운 동물이며 번식도 쉽지 않죠. 사람들이 키우는 로리스는 거의 대부분 야생에서 불법으로 포획돼요. 로리스는 생각보다 사나운 동물이고 팔뚝 안쪽에서 분비되는 독을 이빨에 묻혀 적을 공격하죠. 그래서 밀렵꾼들은 마취는 물론 제대로 소독도 하지 않고 펜치나 손톱깎이를 써서 로리스의 이빨을 강제로 제거해요. 밀수되는 로리스는 좁은 상자 속에서 갇힌 상태로 옮겨지며 이 과정에서 30~90퍼센트가 도착하기 전에 사망해요. 겨우 살아남아 가정에 도착한 로리스는 야행성이어서 밤에도 눈부신 조명 때문에 심한 스트레스를 받아요. 영양분이 불충한 먹이 때문에 영양실조에 걸리거나 너무 기름진 먹이 때문에 각종 비만성 질환에 시달리죠. 영상 속 로리스가 행복해 보이나요? 우리는 이제 시선을 돌려 단순히 귀여워 보이는 영상 너머 실제 동물이 처한 현실을 바라볼 줄 알아야 해요.

자바로리스는 슬로우로리스의 한 종류로, 사람과 가까운 영장류예요. 슬로우로리스는 8종이 있으며, 이름처럼 느리게 움직이죠. 과일과 곤충을 좋아하며, 독을 지닌 몇 안 되는 포유류 중 하나예요.

안녕하세요. 금화상자거북이에요.
우리가 금화처럼 반짝이기는 하지만
정말 우리를 금화랑 착각하면 곤란해요.
우리가 있어야 할 곳은 사람들 곁이 아니에요.
우리를 다시 숲으로 돌려보내 주세요.

위급(CR)

금화상자거북

Cuora trifasciata

금화상자거북은 정말 금화처럼 비싸요. 수컷 한 마리가 2~5만 달러에 거래될 정도로요. 중국에서는 거북 껍데기를 각종 한약재와 함께 장시간 끓인 후 전분을 첨가해 만든 거북젤리가 아주 인기예요. 디저트로도, 건강식으로도 인기가 많은데 최근에는 암을 치료하는 효능이 있다는 근거 없는 소문까지 더해져 몸값이 계속 올랐죠.

높은 수요와 몸값으로 남획이 이어져 중국 남부, 홍콩, 베트남과 라오스 등 야생 서식지에서는 거의 사라졌어요. 그런데도 대규모 농장에서 11만 마리 넘게 길러지고 있어 금화상자거북이 멸종 위기에 처했다는 사실이 흐릿해지죠. 거북 농장은 금화상자거북을 구하는 방주가 아니에요. 농장에서는 여러 아종을 교잡하며 빠른 부화를 부추기고자 주로 높은 온도에서 사육(인큐베이팅)하기에 대부분 암컷만 태어나요. 이 때문에 야생 수컷은 밀렵의 대상이 되죠. 이런 농장이 있기에 거북젤리에 대한 수요와 시장이 유지되고, 금화상자거북도 계속 위험한 상황에 놓이죠. 농장에서 거북을 계속 사육하는 한 밀렵 역시 사라지지 않을 거예요.

머리에 금화를 얹은 듯한 금화상자거북은 밝은 색상과 어두운 패턴이 대비를 이뤄요.
반수생 거북이어서 주로 저지대나 산 중턱에 살며, 계곡 근처 땅에서 많은 시간을 보내요.
금화상자거북은 세상에서 가장 멸종할 위험이 높은 거북 중 하나예요.

북부흰코뿔소

Ceratotherium simum cottoni

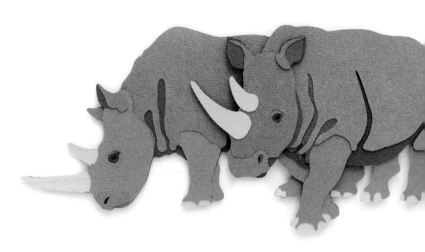

안녕하세요. 북부흰코뿔소예요.

세상에는 북부흰코뿔소가 딱 두 마리 있다나 봐요.

그런데 세상은 엄청나게 넓잖아요.

저기 먼 초원을 넘어서 계속 앞으로 가다 보면

다른 북부흰코뿔소를 만날 수 있지 않을까요?

하지만 우리는 여기를 떠날 수 없어요.

편지를 받는다면 우리 대신 저기 초원 너머를 살펴 주세요.

그리고 다른 북부흰코뿔소를 만난다면 우리가 여기서 기다린다고 전해 주세요.

현존하는 가장 큰 코뿔소인 흰코뿔소(*Ceratotherium simum*)는 이름과 달리 하얗지 않아요. 남아프리카의 초기 영어권 정착민들이 넓다는 뜻인 네덜란드 단어를 오역해서 붙인 이름이죠. 흰코뿔소는 코뿔소 중에서 가장 개체수가 많고 서식지도 넓다지만, 그건 남부 아종에게만 해당하는 이야기죠.

2021년 6월 SNS에서 북부흰코뿔소가 멸종했다는 소식이 빠르게 퍼졌어요. 다행히 오보였지만 이제는 파투와 나진 모녀, 단 두 마리만이 남아 있어요.

북부흰코뿔소도 뿔을 노린 밀렵에 시달렸어요. 아프리카의 불안한 정세, 부패한 정치, 이어지는 내전으로 북부흰코뿔소는 제대로 된 보호를 받지 못했죠. 콩고민주공화국 가람바국립공원에 살던 마지막 북부흰코뿔소 3마리는 2011년 8월 이후로 보이지 않았어요. 이후 북부흰코뿔소는 2009년 12월 20일 번식을 위해 케냐 올페제타 보호 구역으로 옮겨진 암컷 파투와 나진 그리고 수컷 수단, 단 3마리만이 남았지요. 하지만 이들 모두 고령이었기에 번식은 이루어지지 못했죠. 2018년 3월 19일 수단이 죽었어요. 고령에 따른 합병증이었죠. 2021년 10월 21일 나진마저 북부흰코뿔소 번식 프로그램에서 은퇴했어요. 마지막 북부흰코뿔소들은 24시간 무장한 경호원들과 함께 있어요.

2019년부터 과학자들은 북부흰코뿔소 난자를 수집해 인공 수정시켜 배아를 만들고 있어요. 2022년 2월 기준 총 14개 배아가 냉동 보존됐고 훗날 남부흰코뿔소 대리모에게서 태어날 날을 기다리죠. 새롭게 태어난 북부흰코뿔소의 세상에는 코뿔소 뿔을 향한 인간의 욕망도, 야생 동물을 노리는 밀렵도 없다면 얼마나 좋을까요.

자바코뿔소

Rhinoceros sondaicus

안녕하세요. 자바코뿔소예요.

사람들이 유니콘이라는 동물을 찾는다고 들었어요.

가만 들어 보니 그거 우리일 수도 있을 거 같아요.

우리도 뿔이 하나만 있거든요!

혹시 그래서 사람들이 자꾸 우리를 죽이는 건가요?

만약 그런 거라면 우리는 유니콘이 되고 싶지 않아요.

우리는 자바코뿔소 그대로 살아가고 싶어요.

마치 갑옷을 입은 듯한 자바코뿔소는 동남아시아 깊은 정글 속에서 살아요. 뿔이 하나 있는 인도코뿔소와 비슷하게 생겼어요. 가장 긴 뿔이 27센티미터일 정도로 뿔은 짧아요. 싸워야 할 때가 오면 뿔보다는 길고 날카로운 앞니를 주로 사용하죠.

자바코뿔소는 세상에서 가장 희귀한 대형 포유류 중 하나예요. 한 때 자바코뿔소는 중국 남서부를 비롯해 인도 캘커타와 방글라데시, 라오스, 태국, 베트남, 수마트라 등 동남아시아 정글에 널리 퍼져 살았어요. 하지만 끊임없는 남획으로 하나둘 사라져 갔고, 2011년 10월 베트남에서는 멸종한 것으로 확인됐죠. 이제 인도네시아 자바섬의 작은 반도 우중쿨론에만 남아 있어요.

중국과 동남아시아에서 코뿔소 뿔이 전통 약재로 널리 쓰이며 아시아 코뿔소들은 벼랑 끝으로 몰렸죠. 현재 가장 개체수가 많은 인도코뿔소(*Rhinoceros unicornis*)조차 3,700여 마리밖에 남지 않았어요. 심각한 멸종 위기에 처한 수마트라코뿔소(*Dicerorhinus sumatrensis*)는 80여 마리로 추산돼요. 희망은 상황이 나쁠수록 더 반짝이는 모양일까요? 2021년 상반기에 자바코뿔소가 4마리 태어나면서 이제 75마리로 늘어났어요. 10년 전 50마리 미만이었던 자바코뿔소는 느리지만 꾸준히 증가하고 있어요.

코뿔소 뿔은 사람 약재로 쓰이고자 잘려 나갈 때가 아니라 코뿔소에게 있을 때 진정한 가치를 발휘해요. 그 빛나는 가치는 사치와 향락, 거짓된 믿음으로 다른 동물을 해치는 사람들에게서는 결코 찾아볼 수 없는 가치지요.

2013년 아일랜드 수도 더블린에서 이상한 강도 사건이 벌어졌어요. 강도가 노린 건 현금도 보석도 예술품도 아닌 코뿔소 4마리의 머리였어요. 유럽과 아프리카, 미국에서도 같은 사건이 일어났죠. 2017년 프랑스 투아리동물원에서는 무장 괴한들이 4살 흰코뿔소 뱅스를 죽이고 뿔을 잘라 갔어요. 코뿔소의 뿔과 머리가 향한 곳은 베트남이었어요. 베트남 부자와 고위 관료가 코뿔소 뿔의 주요 고객이었죠.

유니콘의 뿔

코뿔소 뿔은 예전부터 약재로 사용됐지만 1990년대 시행된 무역 금지 조치와 밀렵 단속과 더불어 중국에서 코뿔소 뿔이 전통 의약품 목록에서 빠지며 수요가 감소했어요. 1990년에서 2007년까지 남아프리카에서 밀렵되는 코뿔소 수는 일 년에 약 15마리 수준이었죠. 하지만 2008년 83마리를 시작으로 그 수가 급격히 증가했고 2012년에는 688마리가 밀렵으로 희생됐죠. 2015년 1,349마리로 정점을 찍었어요. 코뿔소 뿔 가격도 덩달아 높아져 킬로그램당 11만 달러에 이르기까지 했죠.

갑작스러운 수요 증가는 한 가지 소문에서 비롯했어요. 베트남 고위 관료가 코뿔소 뿔 가루를 먹고 암이 완치됐다는 내용이었어요. 당연히 사람 손톱과 같은 물질인 코뿔소 뿔에 암을 치료하는 성분 따위는 없죠. 하지만 근거 없는 소문과 함께 코뿔소 뿔 시장은 급속히 팽창했어요. 기름에 불을 부은 건 코뿔소 뿔을 갈아 마시는 게 숙취에 특효약이라는 어느 백만장자의 이야기와 코뿔소 뿔 가루가 환각을 일으키는 최음제라는 소문이었어요. 이 때문에 코뿔소 뿔 가루는 코카인보다도 비싸졌어요.

2021년 9월 22일. 세계 코뿔소의 날에 인도 아삼주에서 수많은 코뿔소 뿔이 불에 탔어요. 아삼주는 인도코뿔소의 최대 서식지로 약 2,650마리가 살아가죠. 이날 태워진 코뿔소의 뿔 개수는 2,479개였고 일부는 연구용으로 보관됐어요. 세계 각국에서는 학술적 목적보다는 미래의 금전적 가치 때문에 비축되는 코뿔소 뿔이 많아요. 의학 발전에 따라 훌륭한 신약이 많이 개발되고 있는데도 여전히 동물에게 미신에 가까운 의학 효과를 바라는 사람이 많기 때문이에요. 일부 사람들은 코뿔소를 사육해 그 뿔을 합법적으로 거래하면 밀렵이 사라질 거라 말하지만 농장은 코뿔소 뿔에 대한 수요와 시장을 유지시켜 코뿔소를 더욱 위험에 처하게 할 뿐이죠. 우리는 야생 동물이든 사육 동물이든 인간의 사치를 위해 동물의 신체가 거래되는 시장을 완전히 종식하는 방향으로 움직여야 해요. 코뿔소가 정말로 현실에는 없는 동물 '유니콘'이 되어 버리기 전에요.

벨루가철갑상어

Huso huso

안녕하세요. 벨루가철갑상어예요.

우리는 깊은 물속에서 모든 걸 지켜봤어요.

우리가 알을 낳으러 가야 할 강을 인간이 막아 버리는 모습을,

인간이 우리 배를 갈라 소중한 알을 꺼내는 모습을요.

그런 일을 기억하는 친구들은 이제 얼마 남지 않았지만 저는 알고 있어요.

제가 사라지고 나면 이 일을 당신이 대신 기억해 줄래요?

사람들은 철갑상어하면 바로 캐비어를 떠올려요. 철갑상어가 약 2억 년 전 처음 지구에 등장한 유서 깊은 가문이란 것에는 관심이 없죠. 캐비어 때문에 사라져 가는 철갑상어에게는 더욱 관심이 없고요. 수십 년 전, 어부들은 캐비어를 얻으려고 철갑상어의 배를 갈라 알만 꺼낸 후 그대로 강으로 던져 버렸어요. 남획으로 1990년대가 되자 야생 철갑상어 개체수는 눈에 띄게 줄어들었죠. 전 세계 26종 철갑상어 중 전 종이 멸종 위기에 처했어요.

특히 캐비어가 최상급으로 분류되는 벨루가철갑상어가 심각한 타격을 입었어요. 남획으로 지난 60년 동안 개체수가 90퍼센트 이상 감소했죠. 한때 5미터를 넘기던 벨루가철갑상어의 몸길이는 이제 3미터를 넘지 못하며 최대 1톤에 이르던 몸무게도 불과 암수 평균 65~130킬로그램으로 줄어들었어요. 100년을 넘게 산 벨루가철갑상어는 더 이상 볼 수 없죠. 거기에 1955년 볼고그라드댐이 생기며 볼가강의 벨루가철갑상어 산란지도 약 90퍼센트가 사라졌어요. 이제 철갑상어는 대부분 양식되며 캐비어도 양식 철갑상어에서 나와요. 물론 여전히 캐비어를 얻으려면 철갑상어의 배를 갈라야 하죠. 검은 다이아몬드라는 별명처럼 캐비어는 까만색이에요. 인간의 추악한 욕심을 색으로 나타낸다면 캐비어보다 더욱 검을 거라 생각해요.

철갑상어는 이름과 달리 연골어류인 상어랑은 전혀 관련이 없는 경골어류이자, 거대한 담수어류예요. 벨루가철갑상어는 경골어류 중에서는 개복치 다음으로 크고, 몸길이는 산갈치 다음으로 길어요. 공식적으로 가장 거대한 벨루가철갑상어는 7.2미터에 달했어요.

아홀로틀

Ambystoma mexicanum

안녕하세요. 아홀로틀이에요.

얼마 전에 유령을 만났어요.

저랑 똑같이 생겼지만 유령은 생기 없는 하얀색이었죠.

흐린 물속으로 유령이 미끄러지듯 사라지는 모습을 지켜봤어요.

비록 유령이지만 저와 똑같이 생긴 아홀로틀을 만난 건

너무 오랜만이라 무섭기보다는 그리운 기분이 들었어요.

다시 저를 찾아온다면 이번에는 좀 더 반갑게 맞아 줘야겠어요.

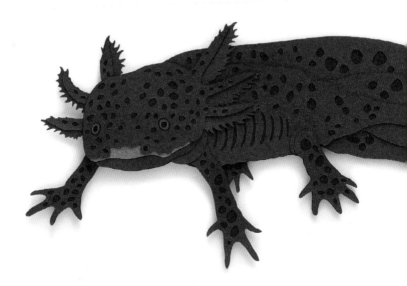

'우파루파'라고도 불리는 아홀로틀은 도롱뇽 종류예요. 하지만 다 자라면 외부 아가미가 사라지는 다른 도롱뇽과 달리 아홀로틀은 외부 아가미가 사라지지 않아요. 이런 특성을 '유형성숙'이라고 해요.

멕시코의 새로운 50페소 지폐 모델이 선정됐어요. 바로 귀여운 도롱뇽 아홀로틀로요. 아홀로틀은 멕시코의 소치밀코호수와 찰코호수에서 살았어요. 1998년 소치밀코호수에서는 제곱킬로미터당 6,000여 마리가 살았으리라 추정해요. 하지만 2008년에는 약 100마리까지 줄어들었죠. 2013년에는 소치밀코호수를 4개월 동안 수색했지만 아호로틀이 단 한 마리도 발견되지 않았어요. 한 달이 더 지난 후에야 소치밀코호수와 이어진 운하에서 단 두 마리가 발견됐죠. 찰코호수에서는 물이 빠지면서 완전히 사라졌고요.

2000년대 초반부터 과학자들은 살아남은 아홀로틀을 포획해 번식시켜 야생에 풀어 주고 있어요. 하지만 소치밀코호수가 너무 심각하게 오염됐기 때문에 아홀로틀의 미래는 불투명해요. 그리고 애완동물로 키우는 새하얀 아홀로틀은 야생종과 거리가 멀어진 일종의 키메라로, 야생 아홀로틀의 유전자를 오염시킬 수도 있고요. 아홀로틀은 파괴된 팔이나 다리, 눈과 심장 심지어 뇌의 일부까지도 복원해 내며 암세포에 저항하는 신비한 능력을 지녔어요. 양서류 중에서 가장 거대한 아홀로틀의 배아는 배아 발생 과정 연구와 줄기세포 연구에 큰 도움이 되죠. 아홀로틀의 재생과 면역 메커니즘을 이해한다면 우리는 눈부신 의학 발전을 이룰 수 있을 거예요. 그러려면 야생 아홀로틀을 반드시 지켜야 해요.

위급(CR)

사올라

Pseudoryx nghetinhensis

안녕하세요. 사올라예요.

사람들은 생각보다 모르는 게 많은 것 같아요.

얼마 전까지 우리가 여기 산다는 사실도 몰랐으니까요.

한 가지만 더 알아 줬으면 좋겠어요.

우리는 좀 더 오래 여기서 살고 싶어요.

우리를 도와줄 수 있나요?

스마트폰에서 구글 어플로 사올라를 검색하면 3D 증강현실로 실감나게 볼 수 있어요. 하지만 살아 있는 사올라를 본 사람은 거의 없지요. 1992년 존 맥킨논과 탐사팀이 베트남 북부 부쾅 지역에서 발견했고, 1994년에는 살아 있는 사올라가 사로잡혔지만 불과 수개월 만에 죽고 말았죠. 1999년 원격 카메라에 찍힌 후 약 10년 만인 2010년, 라오스에서 붙잡힌 수컷 사올라 역시 전문가들이 도착하기 전에 사망하고 말았죠. 2013년 9월 7일 이른 저녁 베트남 중부 안남미트산맥 계곡을 따라 이동하던 사올라가 카메라 트랩에 포착됐어요. 이 사진을 마지막으로 지금까지 사올라가 포착된 적은 없죠.

사올라는 현재 심각한 멸종 위기에 처했어요. 100여 마리만이 야생에서 남은 걸로 추측해요. 가장 큰 위협은 밀렵이에요. 현지 사람들은 여전히 생계를 유지하고자 야생 동물을 사냥하죠. 2011년에서 2013년 사이 카비 지역의 산림 경비원이 수거한 철사 올무는 3만 개 이상이었고 600개 이상 밀렵꾼 캠프가 철거됐어요. 사올라는 회색들소 이후 50여 년 만에 발견된 신종 대형 포유류로, 우리가 아직도 지구에 대해 모르는 것투성이라는 점을 깨닫게 하는 매우 소중한 존재죠. 과학자들은 사올라를 보호하고자 현지 사람들에게 사올라의 중요성을 알리고 새로운 수입원을 제안하고 있어요.

사올라는 영양 종류인 오릭스처럼 긴 뿔이 2개 있지만 소와 더 가까운 동물이죠. 다 자라면 100킬로그램 가까이 나가요. 베트남과 라오스의 아주 깊은 정글에서 사는 매우 희귀한 동물로 알려진 바가 거의 없죠. 그래서 아시아의 유니콘이라고도 불려요.

양쯔강악어

Alligator sinensis

안녕하세요. 양쯔강악어예요.

사람들이 용이라는 동물에 대해 말하는 걸 들었어요.

아무리 생각해 봐도 그건 우리를 말하는 게 아닐까요?

우리와 너무 닮았거든요.

용은 실존하지 않는다는데 여길 보세요.

우리는 아직 살아 있어요.

양쯔강악어는 양쯔강을 중심으로 중국 남동부에 고루 퍼져 살았죠. 3세기 중국 문헌에 처음 등장한 이래, 오랫동안 중국 사람들에게 인상 깊은 동물로 남아 동양 용의 모티브가 됐다고 알려져요. 하지만 시간이 지나 1970~1980년대 중국에서는 '용'이라는 믿음이 '용 고기'에 대한 수요로 바뀌었고, 여기에 감기와 암을 치료한다는 허황된 믿음까지 더해져 양쯔강악어는 무참히 죽임을 당했죠. 이즈음 급속한 공업화, 도시화로 양쯔강악어의 서식지도 대부분 사라졌고요.

세계에서 가장 멸종 위험이 높은 악어 중 하나인 양쯔강악어에게 안후이성은 최후의 보루예요. 1979년 양쯔강악어를 번식시키고자 안후이연구센터가 설립됐거든요. 현재 약 2만 마리가 연구센터와 안후이성 자연 보호 구역에서 살아요. 야생에는 2017년 기준 약 300마리가 있으리라 추산하고요. 2016년 상하이습지공원에서 양쯔강악어의 둥지와 부화한 새끼들이 헤엄치는 모습이 포착됐어요. 이들은 2007년과 2015년 재도입된 양쯔강악어의 후손이었죠. 양쯔강악어가 오래오래 살아남아 앞으로도 동양의 용으로 우리에게 남았으면 좋겠어요.

양쯔강악어는 주둥이가 넓은 앨리게이터 종류예요. 최대 2미터까지만 자라는 작은 악어고요. 주로 물가 근처에서 먹이를 먹으며 지내요. 10월 말부터 굴을 파고 들어가 겨울잠을 자고, 따뜻한 5월이 되면 굴 밖으로 나와요. 7월 초에서 8월 말 사이 썩어 가는 풀을 모아 둥지를 틀고 알을 10~40개 낳아요.

사슴뿔산호

Acropora cervicornis

안녕하세요. 사슴뿔산호예요.

사람들은 우리가 모두 화려하고 아름다운 색깔을 가진 줄만 알지요.

하지만 요즘 우리는 하얗게 변해 가고 있어요.

하얀색도 충분히 아름다워 보인다고요?

이건 아름다움의 문제가 아닌 걸요.

하얀색은 우리에게 죽음을 의미해요.

무엇이든 살아 있을 때 가장 아름답지 않나요?

물속에 사는 선인장이나 정교하게 조각된 돌멩이 같지만 산호는 엄연히 동물이에요. 작은 말미잘처럼 생긴 폴립이 한데 모인 하나의 군체예요. 폴립으로 직접 먹이를 잡아먹기도 하지만 광합성을 하는 단세포 조류인 주산텔라와 공생하며 에너지를 얻기도 하죠.

2019년 글로벌 색채 전문 기업인 팬톤은 올해의 색으로 리빙코랄(Living Coral)을 선정했어요. 팬톤 색채연구소 상임 이사 리트리스 아이즈먼이 가디언지와 인터뷰에서 말했듯이 리빙 코랄은 지구 가열화로 하얗게 변해 죽어 버린 산호를 떠올리게 하죠. 800여 종 산호 중 4분의 1 이상이 멸종 위기에 처했어요. 산호초는 1950년대 이후 면적이 50퍼센트나 감소한 걸로 추정하고요.

현재 가장 큰 위협 요소는 역시 기후 위기예요. 산호는 수온이 높아지면 스트레스를 받아 공생하는 주산텔라를 몸 밖으로 밀어내요. 주산텔라를 내보낸 산호는 더 이상 영양분을 얻지 못해 죽어 버리죠. 주산텔라는 산호 색상을 결정하기에 죽어 가는 산호는 하얗게 변해요(산호 백화현상). 산호초로 유명한 호주 그레이트배리어리프조차 지금까지 대량 백화현상을 5번이나 겪었고, 백화현상을 겪지 않은 산호는 겨우 2퍼센트뿐이라고 해요. 하지만 백화현상을 견디고 회복한 산호는 열 임계값이 조금 더 높아져요. 우리가 지구 가열화를 1.5도로라도 유지한다면 산호는 종말을 피할 수 있을 거예요. 산호초는 지구 해양 면적의 불과 1퍼센트 미만을 차지하지만 해양 생물의 25퍼센트가 살아가는 곳이에요. 풍요로운 바다는 산호초가 있기에 유지돼요. 리빙코랄이 앞으로도 '살아 있는' 산호를 떠올리게 하는 색으로 남았으면 해요.

캘리포니아콘도르

Gymnogyps californianus

안녕하세요. 캘리포니아콘도르예요.
저는 평생을 동물원에서 지냈어요.
하지만 내일이면 좀 더 넓은 세상으로
떠날 수 있을 거래요.
설레기도 하지만 두렵기도 해요.
그래도 용기를 내 날개를 활짝 펴고
바람을 맞을 거예요.
우리가 대대로
그래 왔던 것처럼요.

캘리포니아콘도르는 한때 야생에 단 22마리밖에 없었어요. 개체 수가 줄어든 가장 큰 원인은 납 중독이었어요. 죽은 동물을 먹고 살던 캘리포니아콘도르는 사냥꾼이 버리고 간 동물도 먹었죠. 사체 속에는 총알 조각이 들어 있었고 이 때문에 납에 중독된 거죠. 1980년대부터 샌디에이고와 로스앤젤레스 동물원, 미국 어류 및 야생 동물 관리국이 힘을 합쳐 캘리포니아콘도르 복구 프로그램을 시작했어요. 1983년 샌디에이고동물원에서 처음으로 캘리포니아콘도르 인공 부화에 성공했죠. 1992년 1월부터 콘도르가 야생으로 돌아가기 시작했어요. 2003년에는 야생에서 사라진 지 22년 만에 처음으로 야생에서 콘도르가 둥지를 틀었어요. 2015년은 그해 죽은 콘도르보다 야생에서 태어난 콘도르가 더 많았던 해죠. 2019년 봄 유타주 자이언국립공원에서는 1,000번째 캘리포니아콘도르가 태어났어요.

캘리포니아콘도르 복구 프로그램이 성공하기까지는 산타바바라자연사박물관의 조류학자이자 오랫동안 야생에서 캘리포니아콘도르를 연구한 얀 햄버의 헌신적인 노력이 있었죠. 얀 햄버는 1987년 부활절에 마지막 야생 콘도르 AC-9을 포획한 뒤 방대한 콘도르 아카이브를 만들었어요. 90세가 넘은 나이에도 얀 햄버는 산타바바라자연사박물관 사무실에서 콘도르 기록 보관소를 관리하고 있어요.

북아메리카에서 가장 큰 새인 캘리포니아콘도르는 날개폭이 3미터에 이르러요. 콘도르는 대개 상승 기류를 타고 날며 4,600미터까지 올라갈 수 있어요. 60년 이상 살 수도 있으며, 주로 죽은 동물을 먹어요.

안녕하세요. 오하우나무달팽이예요.

요즘도 종종 악몽을 꿔요.

저보다 훨씬 크고 빠르고 무서운 달팽이가 나타나

친구들을 모두 잡아먹는 꿈이에요.

제가 사는 이 작은 사육장 안에는

더 이상 그런 달팽이가 없는데도 말예요.

혼자 지낸 지 너무 오래돼서 이런 악몽을 꾸는 모양이에요.

언젠가 꼭 친구들을 만날 수 있을 거라 생각해요.

그런 날이 어서 왔으면 좋겠어요.

위급(CR)

오하우나무달팽이

Achatinella apexfulva

나무 위에서 주로 사는 오하우나무달팽이는 하와이 고유종이에요. 껍데기 무늬가 아름다운 나무달팽이는 평생을 같은 나무에서 보내며 나뭇잎에 자라는 곰팡이를 먹고 살아요. 달팽이지만 알이 아닌 새끼를 낳아요.

2019년 1월 오하우나무달팽이의 마지막 생존자였던 '조지'가 죽었어요. 조지는 하와이 보호 시설에서 태어나 그곳에서 14년을 살았죠. 한때 하와이에는 750종이 넘는 육지 달팽이가 있었고 그중 나무달팽이는 200여 종이 넘었어요. 하지만 지금은 그중 90퍼센트가 사라진 걸로 추정해요. 41종이 있는 걸로 알려진 아카티넬라속 (Achatinella)은 22종이 멸종했고 18종은 심각한 멸종 위기에 처했어요. 시작은 역시 인간의 잘못된 선택 때문이었죠.

1955년 오하우섬에 늑대달팽이 616마리가 도입됐어요. 먼저 유입된 아프리카왕달팽이를 없애고자 들여온 거죠. 하지만 사람들의 기대와 달리 늑대달팽이는 아프리카왕달팽이가 아닌 더 느리고 쉬운 먹잇감으로 눈을 돌렸어요. 바로 하와이의 토착 달팽이들이었어요. 1980년대에 하와이의 나무달팽이 전체 속이 멸종 위기종으로 지정됐어요.

하와이 나무달팽이를 멸종으로 몰아넣은 건 분명 생태계에 함부로 개입한 인간이지만, 이 모든 걸 바로 잡을 수 있는 것 또한 인간이죠. 과학자들은 하와이 나무달팽이 보호 지역을 만들고 사육한 하와이 나무달팽이를 재도입하는 한편, 하와이 야생에서는 늑대달팽이를 줄여 가고 있어요. 우리는 자연에 심각한 영향을 줄 정도로 과분한 힘을 가졌고, 이제는 그 힘을 어떤 방향으로 사용할지 신중하게 결정해야 해요. 실수를 인정하고 반성하며 앞으로 나아갈 때 우리는 지구의 파괴자가 아닌 수호자로서 더 많은 종을 위기에서 구해 낼 수 있을 거예요.

파나마황금개구리

Atelopus zeteki

안녕하세요. 파나마황금개구리예요.

우리는 지금 몸이 많이 아파요.

한 번도 겪어 본 적 없는 일이기에 어찌해야 할지 모르겠어요.

하지만 사람들이라면 방법을 알지 않을까요?

다음에 올 때는 우리를 꼭 도와주세요.

2010년 파나마 정부는 8월 14일을 파나마황금개구리의 날로 지정했어요. 하지만 살아 있는 파나마황금개구리를 본 파나마 사람은 아마 없을 거예요. 야생에서 거의 사라졌으니까요. 1990년대 후반 파나마 정글에 항아리곰팡이가 퍼지기 시작했어요. 항아리곰팡이는 양서류를 죽음에 이르게 하는 아주 치명적인 진균이에요. 파나마 일부 지역에서는 양서류의 최대 85퍼센트가 항아리곰팡이 때문에 사라졌으리라 추정될 만큼요. 파나마황금개구리도 개체수가 빠르게 줄더니, 2006년 야생에서는 마지막 파나마황금개구리마저 사라졌죠.

2000년대 초반 살아남아 구조된 개구리들은 메릴랜드동물원과 샌디에이고동물원 등 보호 시설로 보내졌어요. 메릴랜드동물원에서 최초로 번식에 성공했고 이어서 샌디에이고동물원에서도 번식에 성공했어요. 이제 50여 개 동물원과 보호 시설에 1,000여 마리 개구리가 있지만 아직까지도 고향으로 돌아가지 못하고 있어요. 여전히 항아리곰팡이가 남아 있거든요. 탄광 속 카나리아처럼 양서류는 환경 변화에 매우 민감해서 지구 환경이 얼마나 건강한지를 나타내는 척도예요. 양서류 쇠퇴는 우리가 지구를 얼마나 망가뜨렸는지를 확실히 보여 줘요.

파나마황금개구리는 이름과 달리 두꺼비 종류예요.
밝은 노란색과 검정색 줄무늬는 강한 독이 있다는 경고지요.
파나마 중서부 열대우림에 서식하던 이들은 파나마의 국가 상징이며
파나마 국민에게는 행운을 가져다주는 존재로 인식되죠.

랩스청개구리

Ecnomiohyla rabborum

안녕하세요. 랩스청개구리예요.

어제는 혼자 소리를 내 봤어요.

여기 와서 처음 불러 보는 노래네요.

혼자 남겨진 건 아닐 거라 생각했지만

아무 소리도 들려오지 않는 걸 보니

정말 세상에는 저만 남은 건지도 모르겠어요.

제가 사라진 후에도 너무 슬퍼하지 말아요.

제 소리를 남겨 둘게요.

파나마 숲 나무 위에서 살던 랩스청개구리는 손과 발가락 사이에 물갈퀴가 있어서 9미터나 되는 거리를 활강할 수 있어요. 번식기에 암컷은 나무 구멍 속 웅덩이에 알을 낳은 뒤 떠나고 수컷 혼자 알을 돌봐요. 올챙이들이 태어나면 수컷은 등 쪽 피부 조각을 올챙이들에게 먹여요.

2005년 애틀랜타 식물원과 동물원은 파마나황금개구리처럼 항아리곰팡이 때문에 죽어 가는 개구리들을 구조했어요. 그리고 멸종 위기에 처한 개구리의 피난처인 프로그포드(FrogPOD)에서 보호했죠. 그중에 마지막 랩스청개구리로 알려지는 '터피'도 있었어요. 터피라는 이름은 7년 동안 터피를 돌본 양서류 재단의 책임자 마크 맨디카의 아들이 지어 준 이름이에요. 터피는 2014년 12월 15일에 처음으로 소리를 냈어요. 그리고 2년이 채 지나지 않은 2016년 9월 26일, 사육장 안에서 죽은 채로 발견됐어요. 앞서 2009년에는 랩스청개구리 마지막 암컷으로 알려진 개체가 죽었고, 2012년에는 건강이 좋지 않았던 수컷이 안락사됐죠.

터피는 이름이 붙은 개구리로 대중에게 제법 알려졌어요. 하지만 세상에서 마지막 남은 랩스청개구리를 향한 대중의 관심은 자이언트판다나 고래처럼 인기 있는 동물에 비하면 아주 낮았어요. 그래서 터피의 죽음도 그리 알려지지 않았죠. 멸종 위기종을 알리는 일은 그래서 중요해요. 지금도 어디선가 아무도 모르게 사라지는 종이 있을 테니까요.

1970년대 호주와 중앙아메리카의 양서류를 연구하던 과학자들은 양서류가 갑자기 사라지는 현상을 발견해요. 원인은 1997년에야 밝혀졌어요. 바로 양서류 피부에 살며 키트리디오미코시스(Chytridiomycosis)라는 피부병을 일으키는 진균류, 항아리곰팡이(*Batrachochytrium dendrobatidis*)였어요. 피부로 호흡하는 양서류에게 항아리곰팡이는 매우 치명적으로, 내성이 없는 종은 거의 100퍼센트 심장 기능 상실(심부전)로 죽고 말아요. 항아리곰팡이가 양서류 사이로 퍼진 건 불과 수십 년밖에 되지 않았지만 최소 501종이 항아리곰팡이의 영향을 받았으며 이 중 90종이 완전히 혹은 야생에서 멸종하고, 124종은 개체군의 90퍼센트가 사라졌죠.

1940~1960년대 사람들은 임신 테스트에 작은 개구리를 이용했어요. 지금은 이상하게 들리지만 그 당시에는 가장 확실한 임신 확인 방법이었어요. 임신 여부를 확인하고 싶은 여성은 자기 소변을 병원으로

보내요. 병원에서는 아프리카발톱개구리 허벅지에 소변을 주사한 다음 따듯한 곳에 개구리를 두죠. 8~12시간 정도 지난 후 개구리가 알을 낳으면 여성은 임신을 한 거예요. 임신한 여성 몸에 생성되는 호르몬에 개구리가 반응하는 점을 이용한 거죠. 아프리카발톱개구리는 실험동물뿐만 아니라 애완동물로도 각광을 받았어요. 그렇게 전 세계에 아프리카발톱개구리가 퍼져 나갔어요. 문제는 아프리카발톱개구리가 항아리곰팡이의 매개자였다는 사실이에요.

항아리곰팡이의 또 다른 매개자로 지목받은 우리나라의 무당개구리(*Bombina orientalis*)는 6.25 전쟁 이후 관상 목적으로 전 세계 수족관으로 보내졌어요. 식용을 목적으로 수출입된 황소개구리(*Lithobates catesbeianus*)도 마찬가지였어요. 새로운 대륙에 도착한 개구리들은 자의 또는 타의로 야생에 퍼졌고, 그에 따라 항아리곰팡이도 무섭게 확산했어요. 항아리곰팡이에 감염되었다 살아남은 양서류 292종 가운데 60종은 개체군이 조금씩 회복되려 하고 있어요. 하지만 개구리 무역은 아직 끝나지 않았죠. 동물 검역이 더욱 엄격해지고는 있지만 아직도 인간의 부주의로 새로운 질병이 야생에 퍼질 위험성이 있어요. 아주 작은 실수가 생태계 전체를 무너뜨릴 수 있다는 걸 우리는 기억해야 해요.

괌뜸부기

Gallirallus owstoni

안녕하세요. 괌뜸부기예요.

괌물총새에게는 비밀이지만 저는 지금 괌에 먼저 와 있어요.

하지만 우리가 있는 곳은 진짜 괌은 아니래요.

바다 건너 보이는 곳이 진짜 괌이래요.

얼른 저기로 가 보고 싶지만 숲에는

아직 무서운 뱀들이 있다는 모양이에요.

어서 빨리 우리가 대대로 살아가던 고향으로 돌아가고 싶어요.

2019년 세계자연보전연맹 적색목록에서 오랜만에 좋은 소식이 들려왔어요. 새 8종과 물고기 2종의 멸종 등급이 한 단계 내려갔다는 소식이었죠. 그중 가장 주목을 받은 동물은 야생 절멸(EW)에서 위급(CR)으로 내려간 괌뜸부기였어요.

1960년대 이전에 약 7만 마리가 서식했으리라 추정되는 괌뜸부기는 1969년부터 1973년 사이 개체수가 급격하게 감소하기 시작했어요. 괌뜸부기가 사라진 경로는 갈색나무뱀의 이동 경로와 일치했죠. 땅에 둥지를 트는 괌뜸부기는 갈색나무뱀의 손쉬운 사냥감이 됐어요. 1987년 야생에서 마지막 괌뜸부기가 사라졌죠. 다행히 1981년 포획된 21마리가 이후 미국의 여러 보호 시설로 보내졌고, 적극적인 번식 프로그램 덕분에 개체수는 증가하기 시작했어요. 2010년 11월 괌의 남쪽 해안에서 멀지 않은 코코스섬에 괌뜸부기 16마리가 돌아왔어요. 야생에서 멸종한 지 약 20년 만이었죠. 이제 코코스섬에는 80여 마리 괌뜸부기가 살아요. 멀지 않은 로타섬에도 약 200마리가 살고요. 괌뜸부기는 수십 년 전 야생에서 사라진 종도 우리가 노력한다면 다시 야생으로 돌아갈 수 있다는 희망을 상징해요. 그러므로 멸종의 시대에 우리는 멸종 위기종을 지키려는 노력을 멈추지 않아야 해요.

날지 못하는 뜸부기인 괌뜸부기는 휴양지로 유명한 서태평양 섬 괌의 고유종이에요. 현지에서는 코코(Ko'ko')라고 부르죠. 덤불이 우거진 혼합림을 좋아하며 땅에 둥지를 틀어요. 먹이로는 식물보다 동물을 더 좋아해요. 날지는 못하지만 아주 재빠르게 달릴 수 있어요.

안녕하세요. 괌물총새예요.

저는 여기 새장에서 태어났어요.

우리는 원래 괌이라는 곳에서 살았다지만

저는 아직 한 번도 가 본 적이 없어요.

얼핏 들었는데 괌에는 우리를 잡아먹는 무시무시한 뱀들이 산대요.

그렇다면 옛날에 우리는 어떻게 괌에서 살았던 걸까요?

사실 모두 허풍은 아닐까요?

그렇게 무시무시한 뱀들이 갑자기 나타날 리 없잖아요.

야생절멸(EW)

괌물총새

Todiramphus cinnamominus

파란색과 주황색 대비가 뚜렷한 괌물총새는 괌 숲속에서 살았어요. 주로 썩어 가는 나무에 구멍을 뚫고 둥지를 지었어요. 부모와 앞서 태어난 새끼가 함께 새로운 새끼를 길렀어요. 침입자가 있으면 둥지를 지키고자 시끄럽고 소리치며 거칠게 공격했어요.

1980년대 초반만 하더라도 괌에는 괌물총새가 약 3,000마리 있었지만 1984년과 1986년 사이 포획돼 미국으로 보내진 29마리가 아마도 괌에서 살아남은 마지막 개체들이었을 거예요. 괌물총새 역시 갈색나무뱀의 희생자였죠.

생태가 거의 알려지지 않은 탓에 괌물총새를 동물원에서 키우는 건 매우 어려운 일이었어요. 1999년 말 미국 10개 기관에서 키우던 괌물총새는 겨우 59마리였죠. 하지만 과학자들은 포기하지 않았어요. 이전까지는 먹이로 주던 갓 태어난 새끼 쥐를 어미새가 발가벗은 새끼로 혼동하지 않도록 곤충 위주로 식단을 바꾸는 등 물총새 생태를 이해하고자 노력했죠. 그 결과 개체수가 증가했고, 2020년 3월 기준 24개 보호 시설에서 139마리로 늘어났어요. 아직 괌에는 갈색나무뱀이 있어서 과학자들은 위협 요소가 없는 다른 섬에 괌물총새를 보내야 할지 고민하고 있어요. 그렇지만 언젠가는 괌물총새가 고향인 괌으로 돌아올 수 있겠죠?

1980년대 서태평양에 있는 섬 괌에서는 조용한 학살이 벌어지고 있었어요. 괌의 숲에서 살던 수많은 새가 사라졌죠. 죽음의 그림자는 괌의 남부 협곡과 사바나 지역을 따라 무섭게 휩쓸고는 북쪽 고원 지대 아래쪽에 위치한 작은 열대림으로 향했어요. 이곳은 세계 2차 대전을 겪으며 황폐해진 괌에서 유일하게 남은 온전한 열대림으로, 괌의 토착 조류가 살아가던 마지막 피난처였죠. 괌 전역에서 고유종 새가 사라져 가던 1983년 무렵에도 이 숲은 무사했지만 1980년대 중반부터는 여기에 살던 새 11종 가운데 9종이 사라졌어요. 그중 적어도 5종은 고유종이었죠.

이 학살의 범인은 살충제인 DDT나 태풍, 개와 고양이, 조류 말라리아도 아닌, 필리핀구렁이라고 잘못 알려진 갈색나무뱀 (*Boiga irregularis*)이었어요. 갈색나무뱀은 호주와 뉴기니, 솔로몬제도 등지에 서식하고, 주로 나무 위에서 지내며 새를 잡아먹죠. 갈색나무뱀이 마리아나동박새(*Zosterops conspicillatus*)를 잡아먹는 모습을 직접 목격하기 전까지는 누구도 이 뱀이 괌에서 일어난 조류 멸종 사태의 범인이라 생각하지 못했어요.

갈색나무뱀은 세계 2차 대전이 진행되던 1940년대 호주와 뉴기니를 경유한 화물선이나 군용 수송기에 몰래 올라타 섬에 들어온 걸로 보여요. 1950년대 괌 남부 지역을 시작으로 1960년대에는 중부 지역, 1980년대에는 북부 지역에서도 발견됐죠. 경쟁자나 포식자는 거의 없고 먹이는 풍부했던 괌에서 갈색나무뱀은 그야말로 미친 듯이 늘어났어요. 지금은 거의 300만 마리나 있는 걸로 보여요. 괌이라는 작은 섬에 아마존 강 상류 지역에 서식하는 뱀의 평균보다 400배나 많은 갈색나무뱀이 사는 거예요.

새들이 사라지자 숲은 거미줄로 뒤덮이기 시작했어요. 우기 때 거미의 개체 밀도는 인접한 섬의 40배에 이르렀죠. 거미가 폭증한 이유는 거미를 잡아먹거나 곤충을 놓고 거미와 경쟁하던 새들이 갈색나무뱀 때문에 사라졌기 때문으로 보여요. 생태계 먹이그물 안에서 상호 연관된 생물 가운데 한 종이 사라졌을 때 생태계가 혼란스러워지는 현상을 '영양 단계 연쇄 반응'이라고 해요. 우리가 멸종 위기에 처한 생물을 한 종이라도 더 구해야 하는 이유예요.

하와이까마귀

Corvus hawaiiensis

안녕하세요. 하와이까마귀예요.

어제는 나뭇가지로 벌레를 잡는 연습을 해 봤어요.

처음에는 어려웠지만 계속해 보니 요령을 조금 알 것 같아요.

그래도 혼자 하려니 힘든 건 사실이에요.

모르는 게 아직 너무 많은데 물어볼 다른 까마귀가 없어요.

2002년 영국 옥스퍼드대학에서 사육하던 뉴칼레도니아까마귀 베티는 길쭉한 용기 안에 든 먹이를 구부러진 철사를 써서 꺼내 먹었어요. 베티는 곧은 철사를 알맞은 형태로 구부리기까지 했죠. 이로써 과학자들은 뉴칼레도니아까마귀가 문제를 해결하고자 도구를 사용한다는 걸 알았어요. 뉴칼레도니아까마귀의 친척인 하와이까마귀도 보호 시설 안에서 나뭇가지를 이용해 구멍 속 애벌레를 끄집어냈어요. 보호 시설 안의 하와이까마귀 104마리를 관찰한 결과, 성체는 93퍼센트가, 새끼는 47퍼센트가 스스로 도구를 사용했죠. 도구를 사용하는 법은 사회적 학습과 개별적 시행착오를 거치며 까마귀들 사이에 퍼져 나갔어요. 하지만 이런 지식의 전파는 끊어질 위기에 처했죠.

2002년 야생에 마지막으로 남아 있던 2마리가 사라지며 하와이까마귀는 야생에서 멸종했어요. 조류말라리아와 서식지 파괴, 외래종 유입 때문이었죠. 보호 시설에서 지내는 하와이까마귀를 야생으로 돌려보내려는 시도가 2016년부터 이어지고 있지만, 풀려난 30마리 중 야생에서 살아남은 하와이까마귀는 겨우 5마리에 불과해요. 하지만 이 5마리는 앞으로 야생으로 돌아갈 하와이까마귀의 훌륭한 스승이 되어 줄 거예요.

하와이말로 알랄라(alalā)라고 하는 하와이까마귀는 하와이에서 가장 큰 토착 조류 중 하나예요. 하와이 신화에서 알랄라는 가족의 수호신으로서 가족의 영혼을 마지막 안식처로 인도하는 존재죠. '알랄라'라는 단어는 성가나 신성한 외침과 관련 있어요.

스픽스마카우

Cyanopsitta spixii

안녕하세요. 스픽스마카우예요.

몇 년 전 헤어진 친구를 만났어요.

친구를 만난 곳이 우리가 살던 숲은 아니고

사람이 만든 곳이지만요.

저번에 갇혀 지내던 새장에 비하면 아주 넓고 좋아요.

그래도 역시 숲으로 돌아가고 싶어요.

스픽스마카우는 이미 1900년대부터 희귀했고, 불법 포획은 1980년대에 절정에 달했죠. 1990년 불법 포획됐던 스픽스마카우 한 쌍이 구조돼 1995년 야생으로 돌아갔지만 불과 7주 만에 암컷이 진깃줄에 감전돼 사망했고, 수컷은 2000년 10월 야생에서 사라졌죠. 야생에서 스픽스마카우가 마지막으로 목격된 건 2016년이었어요.

스픽스마카우의 운명은 2000년대 카타르 왕자 사우드 빈 무함마드 알 타니를 만나면서 새로운 국면을 맞아요. 카타르 문화예술부 장관이던 알 타니는 불미스러운 의혹으로 장관직에서 물러난 뒤 희귀 동물 보호에 눈을 돌렸어요. 그는 카타르에 거대한 보호 구역을 만들고 전 세계 부호의 새장에서 스픽스마카우를 데려왔죠. 스픽스마카우의 야생 서식지를 복원하고자 브라질 농장을 대규모로 구입했고요. 알 타니는 2014년 11월 9일 런던에서 사망했지만 그의 유산으로 스픽스마카우 복원 기준이 만들어졌죠. 위협받는 앵무새 보호 협회(ACTP)* 주도로 전 세계 사육 센터 3곳에서 스픽스마카우 약 180마리(2020년 기준)가 사육되고 있으며, 2022년 6월에는 8마리가 드디어 야생으로 돌아갔어요.

*아쉽게도 위협받는 앵무새 보호협회(ACTP)는 불투명한 희귀 앵무새 거래 의혹과 대표의 폭력 이력 등 여러 가지 논란이 뒤따르는 단체이기도 해요.

남아메리카를 상징하는 앵무새, 마카우 종류인 스픽스마카우는 신비로운 파란 깃털이 특징이에요. 주로 씨앗과 견과류를 먹었어요. 브라질 북동부 카팅가 지역의 건조한 산림 지대에 국지적으로 서식했어요.

소코로비둘기

Zenaida graysoni

안녕하세요. 소코로비둘기예요.

우리는 지금까지 본 적도 들은 적도 없는 동물에게 습격당했어요.

사람들은 아직 그 무서운 동물이 뭔지 모르죠?

우리가 알려 줄게요.

이제 우리 이야기를 다른 동물 친구들에게도 알려 주세요.

더 이상 희생되는 친구들이 없도록 말예요.

염주비둘기를 붉게 물들인 것처럼 생긴 소코로비둘기는
멕시코 소코로섬의 고유종이에요. 고독한 삶을 즐겼고,
계절에 따라 먹이를 찾아 저지대로 내려왔다는 것 말고는 알려진 게 없어요.

1950년대만 하더라도 소코로비둘기 개체수는 안정적이었어요. 하지만 어느 순간 가파르게 줄어들었죠. 개체수 감소에 영향을 미친 이유 중 하나는 인간이었어요. 소코로비둘기는 사람을 무서워하지 않으니 사냥하기에 좋았겠죠. 또 다른 이유는 섬에 널리 방목된 양이었어요. 양이 풀을 뜯어먹으며 숲 바닥을 파괴하자 소코로비둘기의 먹이가 줄어든 거죠. 하지만 가장 큰 이유는 1970년대쯤 섬으로 유입된 고양이였어요. 주로 땅에서 먹이를 찾는 소코로비둘기는 고양이에게는 아주 손쉬운 사냥감이었고, 결국 1972년 야생에서 사라졌죠.

다행히도 소코로비둘기는 동물원에서 기꺼이 번식했어요. 1925년 미국으로 반출된 소수가 번식하며 수가 늘었고, 이들은 유럽 동물원으로 보내졌어요. 이제 전 세계 70개 이상 기관에서 약 150마리가 살아요. 그리고 드디어 2013년 멕시코의 아프리캠사파리로 6마리가 돌아왔죠. 소코로비둘기가 멕시코 땅을 밟은 건 40여 년만이었어요. 사육 소코로비둘기는 친척인 우는비둘기(*Zenaida macroura*)와 교잡종일 가능성도 있고, 섬에는 여전히 위협 요소도 남아 있어요. 그래도 기다려야죠. 소코로비둘기가 진정으로 귀환할 날을 말이죠.

고양이는 인간과 함께 전 세계로 퍼져 나갔어요. 6개 대륙 118개 군도와 사람이 사는 섬이라면 어디에서든 고양이를 볼 수 있어요. 전 세계에는 고양이가 대략 5억 마리 있다고 해요. 결국 인간 때문에 고양이는 쥐, 개와 함께 세계자연보전연맹에서 정한 최악의 외래 침입종으로 지

고양이 잔혹사

정됐어요. 특히 포식자가 없던 섬에서 고양이가 입힌 피해는 매우 심각했어요. 스티븐스섬굴뚝새(*Traversia lyalli*), 솔로몬왕관비둘기(*Microgoura meeki*), 과달루페다바제비(*Hydrobates macrodactylus*)를 멸종시켰으며 약 63종의 척추동물이 멸종하는 데에 영향을 미쳤죠.

오랫동안 사람과 같이 살았는데도 고양이는 사냥 본능을 잃지 않았어요. 고양이를 비롯한 많은 포식동물이 놀이 사냥을 해요. 놀이 사냥은 결국 과잉 사냥으로 이어지죠. 고양이는 조류의 자연사가 아닌 사망 원인 중 4분의 3을 차지해요. 미국 통계 자료에 따르면 고양이가 한 해에 살해하는 조류는 10억~40억 마리, 포유류는 63억~223억 마리로 추정되죠. 2021년 중국 자료에서도 고양이 때문에 한 해에 조류 26억 9,500만~55억 2,000만 마리, 포유류 36억~98억 마리가 살해된다고 나와요. 수십 억 마리 양서·파충류와 곤충, 절지류도 고양이에게 목숨을 잃어요. 호주와 뉴질랜드는 고양이가 토착 동물 개체수에 심각한 영향을 준다고 보고 야생에서 고양이를 제거하는 프로그램을 진행해요. 호주는 고양이 침입을 막는 거대한 울타리를 만들고 2020년까지 최소 200만 마리 고양이를 살처분할 계획을 세우기도 했어요. 호주와 뉴질랜드에 인

접한 48개 섬에서도 고양이가 제거됐죠. 2020년 서호주 드라이안드라 우드랜드 국립공원에서 고양이를 제거한 결과 멸종 위기종인 주머니개미핥기(*Myrmecobius fasciatus*) 개체수가 3배 증가했어요. 우리나라에서는 아직 야생 고양이가 생태계에 미치는 영향을 심층적으로 연구한 사례가 없어요. 하지만 고양이가 사냥한 먹이 중 약 28퍼센트만 먹는다는 연구 결과는 있으므로 우리나라에서도 고양이가 생태계에 영향을 준다는 점은 확실해요.

우리는 고양이가 생태계에 주는 부정적인 영향을 인정해야 해요. 하지만 그것이 온전히 고양이만의 책임이 아니라는 것도 알아야 하죠. 결국 모든 문제는 인간이 고양이를 야생에 유입시켰기 때문에 생겨났으니까요. 야생에서 고양이가 더 이상 늘어나지 않도록 고양이 유기를 막고 무분별한 공장식 번식장을 폐쇄해야 해요. 고양이를 구조해 가정으로 분양하고 TNR(포획-중성화-방사)과 TVHR(포획-정관·자궁절제술-방사)을 더욱 체계적으로 시행해 야생에서 고양이 개체수를 줄여 나가야 해요. 또한 먹이 주는 장소를 야생 지역에서 멀리 떨어트려 고양이의 행동반경을 제한해 고양이가 야생에 유입되지 않도록 해야 하죠.

최근 들어 우리나라에서 고양이 학대 범죄가 꾸준히 증가하고 있어요. 학대범 일부는 고양이가 생태계를 망치므로 개체수를 조절해야 한다고 변명하죠. 하지만 그건 수준 낮은 변명일 뿐이죠. 고양이를 비롯해 동물을 학대하는 사람은 약자를 보호하고 생태계를 생각하는 사람이 절대 아니에요. 저열하고 비열한 범죄자에 지나지 않죠. 학대범이 알아야 하는 건 고양이 역시 우리와 공존해야 하는 소중한 생명이라는 사실뿐이에요.

안녕하세요. 황금두꺼비예요.
올해도 어김없이 찾아오셨네요.
몇 년 전에는 수많은 친구와 함께 당신을 맞았는데
올해는 어째서인지 저 혼자뿐이에요.
저도 친구들을 애타게 찾고 있어요.
먼저 찾는 쪽이 알려 주기로 해요.

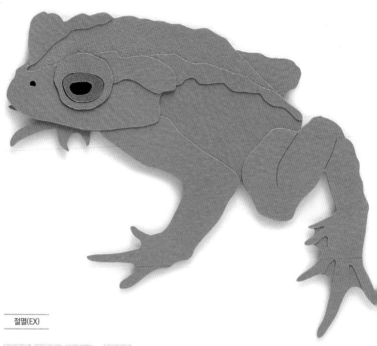

절멸(EX)

황금두꺼비
Incilius periglenes

1987년 4월 15일 양서류 전문가 마티 크럼프는 황금두꺼비의 짝짓기를 관찰하고 있었어요. 겨우 주방 싱크대 크기만 한 웅덩이에 133마리가 서로 뒤엉켜 있었죠. 약 6주 동안 이어지는 짝짓기 기간에 두꺼비 한 쌍은 매주 알을 200~400개 낳았어요. 짝짓기가 끝난 지 불과 5일 후 그곳을 다시 찾아간 크럼프가 마주한 건 말라 버린 웅덩이와 곰팡이로 뒤덮인 알이었어요. 황금두꺼비는 그해 5월에도 번식을 시도했지만 4만 3,500개 알 중 29마리만 올챙이가 됐어요. 1988년에 발견된 황금두꺼비는 수컷 8마리와 암컷 2마리뿐이었고, 1989년 5월 15일에는 단 한 마리 수컷만이 홀로 짝을 찾고 있었죠. 이후 황금두꺼비를 본 사람은 아무도 없어요.

첫 번째 용의자는 기후 위기예요. 1980년대는 지구 평균 기온이 본격 상승하던 시기였어요. 높아진 기온으로 코스타리카 운무림은 건조해졌죠. 거기에 강력한 엘니뇨까지 발생해 숲을 감싸는 습한 안개가 사라지면서 웅덩이와 알이 메말라 버린 거죠. 그래서 황금두꺼비는 기후 위기로 멸종한 첫 번째 동물로 여겨져요. 하지만 이 시기는 중앙아메리카 양서류가 항아리곰팡이 때문에 멸종해 가던 때이기도 해서 황금두꺼비 역시 항아리곰팡이에 감염됐으리라 주장하는 학자들도 있죠. 과학자들은 여전히 황금두꺼비가 어딘가 살아 있으리라는 희망을 품고 탐사를 이어 가고 있어요.

진한 오렌지색 황금두꺼비는 섬세하게 조각된 호박 공예품 같아요. 오렌지색 두꺼비는 수컷으로, 암컷은 노란색 몸에 붉은색과 흑갈색 반점이 흩어져 있어요. 안개로 자욱한 코스타리카 몬테베르데 운무림에서 살았으며 대부분 시간을 축축한 굴속에서 보냈어요.

브램블케이멜로미스

Melomys rubicola

안녕하세요. 브램블케이멜로미스예요.

우리가 사는 섬은 아주 조그맣지만 우리 같은 작은 쥐가 살기에는 딱 적당했어

그런데 태양을 피하고 굶주린 배를 채워 주던 풀이 죽어 버리고

바닷물이 우리가 사는 곳까지 올라왔어요.

다음에 다시 섬을 찾아온다면 우리를 데리고 나가 줄래요?

기다리고 있을게요.

브램블케이멜로미스가 살던 브램블케이섬은 바닷새나 바다거북이 알을 낳으러 오는 걸 제외하면 방문객조차 거의 없는 작고 외딴 산호섬이에요. 1978년 조사에서는 수백 마리가 있으리라 추정되던 브램블케이멜로미스는 2004년 이어진 조사에서 단 12마리만이 발견됐어요. 마지막 목격은 2009년이었고요. 2011~2014년 이루어진 3차례 조사에서 퀸즐랜드대학 연구팀은 하루 10시간에 걸쳐 수색하고 60개 카메라 트랩과 1,170개 소형 포유류 덫을 놓았지만 브램블케이멜로미스를 단 한 마리도 발견하지 못했어요.

브램블케이섬은 해발 고도가 3미터밖에 되지 않은 야트막한 섬이에요. 기후 위기로 해수면이 상승하며 섬은 지속적으로 침수됐죠. 바닷물이 유입되며 섬의 초본 면적은 2004년 2만 1,600제곱미터에서 2014년 8~9월 1,900제곱미터까지 감소했어요. 결국 브램블케이멜로미스는 서식지의 약 97퍼센트를 잃었으리라 추정해요. 지구에 사는 생물 5종 중 1종은 인간 때문에 발생한 기후 위기로 사라질 위험에 처했다고 해요. 브램블케이멜로미스는 기후 위기로 멸종한 첫 번째 포유류예요. 우리가 기후 위기를 계속 방관한다면 머지않아 두 번째, 세 번째 종도 나타날 거예요. 그리고 그 순서에 우리가 없으리라는 보장도 없죠.

브램블케이멜로미스는 그레이트배리어리프 동부 토레스해협에 있는 작은 산호초섬 브램블케이에 살던 설치류예요. 브램블케이모자이크꼬리쥐라고도 하지요.

절멸(EX)

바다사자

Zalophus japonicus

안녕하세요. 바다사자예요.

우리는 이 바위섬에서 오랫동안 살았어요.

누가 바위섬 주인인지는 우리는 관심 없어요.

우리 관심은 단지 바위섬에서 새끼도 낳고

거친 파도도 피하며 살아남는 거예요.

단지 그것뿐이에요.

'강치'라는 이름으로 익숙한 바다사자는 우리나라 동해안과 울릉도, 독도
그리고 일본 해안가에 서식하던 기각류예요.
수십 수백 마리가 무리를 이루어 해안가에서 번식했어요.

1900년대 초까지만 해도 울릉도와 독도, 일본 해안에는 바다사자가 많이 살았어요. 하지만 일본에서 먼저 남획으로 사라졌고 곧 울릉도에서도 사라졌죠. 바다사자 번식지는 독도만 남게 됐어요. 일제 강점기에 일본은 독도에서 바다사자를 1년에 최대 3,200마리나 잡았어요. 독도에서 일본이 총 남획한 바다사자 수는 1만 6,500마리 이상으로 알려져 있죠.

하지만 독도의 바다사자는 완전히 사라지지 않았어요. 해방 이후 1947년 한국산악회 울릉도·독도학술조사단이 독도를 방문해 바다사자 3마리를 발견하고 잡아먹었다는 기록이 있거든요. 1953년 4월에서 1956년 12월 사이까지만 해도 100여 마리가 독도에서 번식했죠. 제주도 해녀들도 독도에서 물질하며 어린 바다사자들을 만났어요. 하지만 적절한 보호 조치는 이뤄지지 못했고 바다사자는 사람들에게 잡아먹히거나 한약재로 팔려갔어요. 1957년 이후부터는 목격담도 거의 없어지고, 1975년 목격된 두 마리가 마지막 독도 바다사자였죠. 일본에서는 1974년 홋카이도 레분섬에서 잡힌 어린 바다사자가 마지막이었고요. 일본은 바다사자 멸종에 가장 큰 영향을 끼쳤는데도 마치 바다사자와 공존했던 것처럼 이야기하며 독도 영유권 주장에 이용하고 있어요. 하지만 우리도 바다사자를 지키지 못한 사실을 부정할 수는 없죠. 한때 새끼를 낳고자 몰려든 바다사자로 북적거렸을 독도에는 이제 괭이갈매기만이 남아 있어요.

여행비둘기

Ectopistes migratorius

안녕하세요. 여행비둘기예요.

예전처럼 몸이 움직이지는 않지만 힘겹게 횃대에 올라갔어요.

여기에 오기 전 세상에는 해를 가릴 만큼 우리가 많았다고 들었어요.

하지만 저는 여기서 혼자 지낸 지 꽤 오래됐죠.

만약 그 말이 사실이라면 만나 보고 싶어요.

목소리가 나오지 않을 때까지 수많은 친구들과 반갑게 노래하고 싶어요.

1914년 9월 1일 여행비둘기 '마사'는 여느 때처럼 횃대에 앉아 있었어요. 29년을 산 마사는 매우 쇠약했죠. 같은 날 오후 1시 마사는 새장 바닥에서 죽은 채 발견됐어요. 1800년대 개체수 30억~50억 마리로 북아메리카대륙 조류의 최대 40퍼센트를 차지했던 새는 새장 안에서 혼자 쓸쓸히 죽었죠.

사람들은 이동하는 여행비둘기를 총으로 쏘고, 그물로 잡고, 독에 중독시켰어요. 유황을 태워 보금자리에 있던 알과 아직 어린 여행비둘기를 질식시켜 죽였어요. 이렇게 죽은 여행비둘기는 단돈 50센트에 시장에서 팔렸어요. 당시 사람들은 동물이 멸종할 수 있다는 개념 자체를 몰랐으며, 여행비둘기를 사라지지 않는 천연자원쯤으로 여겼죠. 1813년 미국 조류학자 존 제임스 오듀본이 하늘을 가득 채우는 여행비둘기를 목격한 지 불과 100년 만에 여행비둘기는 세상에서 완전히 사라졌어요. 여행비둘기의 멸종은 아무리 개체수가 많고 흔한 동물도 우리 때문에 사라질 수 있으며, 우리가 익숙한 존재에게 얼마나 잔인하고 무관심해질 수 있는지 생각하게 해요. 여행비둘기 멸종으로 우리는 소중한 교훈을 얻었을까요?

마사, 지금은 다른 수많은 여행비둘기와 함께 있나요? 부디 홀로 횃대에 앉아 있지 않기를 바랄게요.

작은 머리와 거대한 가슴 근육, 쐐기 같은 꼬리깃과 길고 뾰족한 날개는 여행비둘기가 멀리 이동할 수 있는 원동력이었어요. 여행비둘기는 도토리와 너도밤나무가 풍부한 곳에 모여 거대한 보금자리를 틀었어요.

태즈메이니아주머니늑대

Thylacinus cynocephalus

안녕하세요. 태즈메이니아주머니늑대예요.

이상하군요. 따뜻한 실내 사육장으로 들어갈 시간이

한참 지났지만 실내로 들어갈 수 있는 문이 열리지 않아요.

요즘 부쩍 밤의 추위를 견디기 어려워요.

이 문을 열어 주세요.

따뜻한 잠자리에서 헤어진 친구들을 만나는 좋은 꿈을 꾸고 싶어요.

1936년 9월 6일 태즈메이니아주머니늑대 '벤자민'은 홀로 사육장에 있었어요. 벤자민은 1930~1931년 사이 야생에서 포획돼 태즈메이니아 호바트동물원으로 보내졌죠. 해가 지며 급격히 추워졌고 벤자민은 따뜻한 실내 사육장으로 들어가야 했어요. 하지만 실내 사육장 문은 아침이 될 때까지 열리지 않았어요. 1936년 9월 7일 벤자민은 실외 사육장의 차가운 콘크리트 바닥에서 죽은 채 발견됐어요. 벤자민이 죽은 뒤 동물원은 곧바로 새로운 주머니늑대를 찾아 다녔지만 소용없었죠. 벤자민은 마지막 주머니늑대였으니까요.

1800년대 유럽인들이 태즈메이니아섬에서 양을 키우기 시작하면서 비극이 시작됐어요. 목축업자들은 당시 태즈메이니아섬에서 가장 거대한 포식자였던 주머니늑대가 양을 해치리라 생각했어요. 하지만 실제로 양을 해친 건 들개와 사람이었죠. 그런데도 어른 주머니늑대에게는 1파운드, 어린 주머니늑대에게는 10실링씩 현상금이 걸렸어요. 현상금 제도는 1909년까지 지속됐고 총 2,184번 현상금이 지급됐죠. 하지만 사냥은 1920년대까지 이어졌고 최소 약 3,500마리 주머니늑대가 인간에게 살해당했으리라 추정돼요. 주머니늑대가 태즈메이니아섬에서 법적으로 보호받기 시작한 건 1936년 7월 10일부터였어요. 벤자민이 죽기 불과 두 달 전이었죠. 벤자민이 죽은 9월 7일은 현재 호주에서 국가 멸종 위기종의 날로 지정됐어요.

벤자민, 살을 에는 추위도, 굶주림도 없는 그곳에서 평안하기를.

이름과 달리 늑대랑 전혀 관련이 없는
태즈메이니아주머니늑대는 줄무늬 때문에
주머니호랑이라고도 불리지만 물론 호랑이랑도 관련이 없지요.
유대류 중 가장 큰 포식자였던 주머니늑대는 암컷과 수컷 모두 주머니가 있었어요.

절멸(EX)

캐롤라이나앵무

Conuropsis carolinensis

안녕하세요. 캐롤라이나앵무예요.

레이디 제인이 죽은 후로 저는 무기력한

하루하루를 보내고 있어요.

혼자 있는 게 영 익숙하지 않네요.

친구들과 시끄럽게 재잘거리고 싶고

제인과도 다시 만나고 싶어요.

저보다 먼저 이 새장에서 살았던 마사도 혼자 계셨대요.

사람들은 새의 마음을 아직도 전혀 이해하지 못하는 모양이에요.

새장 밖에는 저와 같은 친구들이 살고 있을까요?

누구든 저를 만나러 오면 좋겠어요.

눈이 내린 오대호 주변에서도 먹이를 찾았던 캐롤라이나앵무는 미국 동부에 서식하는 유일한 앵무새였죠. 강과 습지를 따라 자란 오래된 숲을 좋아했어요. 200~300마리에 이르는 거대한 무리를 이루고 식물 씨앗이나 과일을 먹으며 속이 빈 나무에 둥지를 틀었죠.

1918년 2월 마지막 남은 캐롤라이나앵무 '잉카'가 신시내티동물원 횃대에 앉아 있었어요. 그곳은 공교롭게도 마지막 여행비둘기 마사가 4년 전에 살다 죽었던 바로 그 새장이었죠. 잉카에게는 레이디 제인이라는 짝이 있었지만 1년 전 먼저 세상을 떠났어요. 레이디 제인을 먼저 보낸 잉카는 몹시 외로워하다 1918년 2월 21일 죽었어요.

캐롤라이나앵무는 미국 가장 북쪽에 살던 앵무새예요. 한겨울 설원에 알록달록한 앵무새 수백 마리가 내려앉아 재잘거리는 풍경은 분명 장관이었겠죠. 하지만 19세기, 과수원을 운영하는 초기 정착민들은 캐롤라이나앵무가 과수원을 망칠 거라 생각했죠. 캐롤라이나앵무는 상처 입은 동료 주변으로 모여드는 습성이 있어요. 사람들은 캐롤라이나앵무의 이런 유대감을 대량 학살 도구로 삼았어요. 1904년 플로리다주 오키초비 카운티에서 마지막 야생 캐롤라이나앵무가 살해되었어요.

잉카의 시신은 스미소니언박물관으로 보내져 마사처럼 박제 후 보존될 예정이었지만 이송 도중 감쪽같이 사라져 버렸죠. 지금도 여전히 다른 동물을 멸종으로 몰고 가는 인간을 보면 캐롤라이나 앵무가 남긴 교훈도 잉카의 시신과 함께 사라져 버린 것 같아요. 잉카, 그곳에서 평생을 함께 한 레이디 제인을 만났나요? 그래서 이제는 외롭지 않나요?

스텔러바다소

Hydrodamalis gigas

안녕하세요. 스텔러바다소예요.

어제는 해변에 쓰러진 암컷에게 다가가 봤어요.

안부를 물었는데 아무런 대답도 돌아오지 않았어요.

몸에 박힌 작살을 뽑으려고 안간힘을 써 봤는데 너무 늦었던 걸까요?

사람들은 왜 우리에게 상처를 주나요?

우리는 친구들의 고통이 느껴지는데 사람들은 그렇지 않나요?

우리의 아픔을 조금이라도 알아주면 좋겠어요.

1741년 러시아 베링섬에서 난파된 탐사 대원들과 박물학자 게오르크 빌헬름 스텔러는 좁은 만과 해변에서 처음 보는 거대한 생명체를 만났죠. 무리 지어 있는 고래만 한 생명체들은 새끼를 앞장서서 보살폈어요. 물 밖으로 등을 반쯤 내놓은 채 하루 종일 바위에 붙은 해조류를 뜯어 먹으며 느긋하게 하루를 보냈죠. 스텔러는 이 동물에게 스텔러바다소라는 이름을 붙였어요. 1년 후 캄차카반도로 살아 돌아간 그는 스텔러바다소를 유럽인들에게 소개했어요. 스텔러바다소는 서로 유대감이 깊어서 상처 입은 동료를 외면하지 않았죠. 피 흘리는 동료가 있으면 그 주변으로 몰려와 상처 입은 동료를 감쌌어요. 죽은 동료를 애도하기도 했어요. 하지만 유럽인이 주목한 건 스텔러바다소의 깊은 유대감이 아니었어요. 아몬드 향기가 나고 콘비프 맛이 난다는 살코기, 커다란 가죽보트를 만들 수 있을 정도로 질기고 튼튼한 가죽이었죠. 학살이 이어졌고 1768년 이후 더 이상 살아 있는 스텔러바다소는 발견되지 않았어요. 스텔러가 처음 본 지 고작 27년 만이죠. 스텔러바다소는 그 자체로 물고기들의 거대한 보호막이 되어 줬어요. 물 밖으로 드러난 두껍고 거친 등에는 따개비와 홉충을 비롯한 각종 갑각류, 기생동물이 살았고, 그래서 바닷새에게는 좋은 먹이 쉼터가 됐죠. 살아 있는 섬이나 다름없었던 스텔러바다소가 사라지면서 바다 생물의 작은 우주도 함께 사라져 버렸어요.

스텔러바다소는 듀공(*Dugong dugon*)과 매너티의 친척이에요. 이들은 몸길이가 최대 10미터, 몸무게는 11톤으로 최대 6톤 정도 자랄 수 있는 범고래보다도 거대한 해양 포유류였죠. 하지만 해조류를 먹는 유순한 초식동물이었어요.

큰바다쇠오리

Pinguinus impennis

안녕하세요. 큰바다쇠오리예요.
예전처럼 북적거리는 산란지는 아니지만
우리 부부는 어렵게 도착한
이곳에서 알을 낳았어요.
하나 있는 알이 얼마나
소중한지 아시나요?
그 어떤 어려움이 있어도
우리는 이 알을
지키고 말 거예요.
아기 새가 태어나면
들려줘야죠.
우리의 이야기를요.

흰색과 검은색 무늬 때문에 마치 펭귄처럼 보이는
큰바다쇠오리는 펭귄처럼 날지 못하는 바닷새예요.
몸을 세우면 70센티미터 정도로 제법 큰 편이었죠.
주로 먼 바다에서 지내다가 번식기가 되면 바위가 많은 해안가로 모였어요.

1844년 6월 3일 큰바다쇠오리 한 쌍이 아이슬란드 엘데이섬에서 알을 품고 있었어요. 그날 두 사람이 이 섬을 찾았어요. 그들은 바위 위에 당당히 앉아 있던 큰바다쇠오리를 발견하자 천천히 다가서는 큰바다쇠오리의 목을 졸랐어요. 소중한 알은 사람들 장화에 밟혀 으깨졌죠. 알을 품던 마지막 큰바다쇠오리는 이렇게 세상에서 사라졌어요.

16세기까지만 해도 북대서양에는 큰바다쇠오리 수백만 마리가 있었어요. 사람들은 식량과 낚시 미끼, 기름, 베갯속 재료인 깃털을 얻으려고 큰바다쇠오리를 무참히 죽였죠. 큰바다쇠오리 개체 수가 급격하게 줄어들자 이번에는 희귀한 표본을 수집하려는 사람들로 극성이었어요. 곧 큰바다쇠오리 표본 한 점 가격은 그 당시 숙련공의 1년치 월급에 해당하는 가격에 팔리기 시작했죠. 한때 수백만 마리에 달했던 큰바다쇠오리는 이제 박제 표본 78점과 알 75개, 골격 표본 24점으로 남았어요. 큰바다쇠오리가 사라진 후 남반구를 탐험하던 유럽인들은 흰색과 검은색 깃털에 날지 못하는, 무수히 많은 바닷새를 봤어요. 탐험가들은 이 새를 자연스럽게 펭귄이라고 불렀죠. 과거에 북반구에서 펭귄이라고 부르며, 사람들이 무참히 죽였던 새와 너무 닮았거든요. 이제 큰바다쇠오리는 속명 'Pinguinus'로 펭귄 이름 속에만 남아 있네요.

도 도

Raphus cucullatus

안녕하세요. 도도예요.

오랫동안 숲을 헤매고 다녔는데

다른 도도를 만나지 못했어요.

모두 저를 두고 어디로 사라져 버린 걸까요.

깜짝 파티를 준비하는 걸까요?

하지만 이런 장난은 조금 무서우니까

이제라도 다들 나타났으면 좋겠어요.

그래도 아직 가 보지 못한 곳들이

많으니까 내일도 열심히

숲을 돌아다녀

보려고 해요.

1755년 영국 옥스퍼드의 애슈몰린박물관에는 100년 가까이 전시된 낡은 조류 박제 표본이 하나 있었어요. 1638년, 칠면조만큼 거대했던 이 새는 사로잡힌 채 대중에게 전시되다가, 1656년에 죽은 뒤에는 정치인이자 장교였으며 유명한 골동품 수집가이기도 했던 엘리아스 애쉬몰의 소장품 중 하나가 됐어요. 널리 알려진 바에 따르면 박물관 측은 이 박제 표본이 너무 오래돼 폐기하기로 결정, 소각로에 버렸죠. 하지만 그때 한 큐레이터가 박제 표본이 전부 타 버리기 전에 가까스로 표본의 머리와 한쪽 발을 꺼냈어요. 그는 당시 자신이 한 일의 가치를 알 수 없었겠지만 덕분에 이 새의 유일한 생체 표본이 보존될 수 있었죠. 불길에서 건져진 새의 이름은 도도예요.

옥스퍼드 도도라 불리는 이 표본의 주인공은 1600년대 중반 살아 있는 상태로 영국으로 잡혀 와 대중에게 전시되다 자연사했으리라 여겨졌어요. 그러던 2018년 옥스퍼드 도도의 머리를 CT 촬영한 과학자들은 도도 뒤통수에서 새를 사냥할 때 사용된 납탄을 발견했어요. 옥스퍼드 도도의 삶은 우리 예상보다 훨씬 더 비참했는지 몰라요.

인도양 마스카렌제도의 모리셔스섬에 살았던 고유종 도도는 사실 거대한 비둘기예요. 니코바르비둘기는 도도의 가장 가까운 친척이죠. 도도는 인간이 최초로 멸종시킨, 멸종의 상징으로 널리 알려졌지만 정작 도도에 관해 알려진 사실은 거의 없어요.

어리석은 건 도도가 아니라

도도를 어리석은 새라 여기는 사람이 많아요. 한때는 창공을 자유롭게 날아다녔지만 모리셔스섬에 정착하면서 나는 법을 잊었고 결국 급변하는 환경에 적응하지 못해 멸종했다면서요. 하지만 도도를 멸종으로 몰아간 건 도도의 어리석음이 아닌 인간의 어리석음과 잔인함이었죠.

1598년 모리셔스섬을 탐사한 네덜란드 선원들의 기록을 통해 도도는 유럽에 처음 알려졌어요. 유럽인들은 모리셔스섬에 들러 항해에 필요한 식재료를 구했어요. 이 과정에서 모리셔스섬의 거대한 땅거북들이 먼저 멸종했죠. 1601년 야코프 코르넬리우스 판 넥은 도도를 잡아먹은 기록을 처음으로 남겼어요. 그는 도도가 매우 질기고 맛이 없다며 도도를 네덜란드어로 '역겨운 새'라는 뜻인 '발크뵈헬'이라고 기록했어요. 도도를 바라보는 어긋난 시선은 아마 이때부터 생겨났을 거예요. 그런데도 선원들은 도도를 대량으로 잡아들였죠. 한편 유럽인들은 모리셔스섬에 돼지와 원숭이, 사슴, 염소, 고양이, 개를 풀어 놨어요. 땅에 둥지를 트는 도도는 처음 보는 동물들의 습격에 금방 알과 새끼를 잃었죠. 알을 단 하나만 낳는 도도에게 이는 너무나 치명적이었어요. 특히 돼지와 원숭이가 도도의 개체수를 감소시키는 데에 결정적 영향을 미쳤으리라 봐요. 기록에 따르면

마지막 도도는 1662년 폭풍으로 모리셔스섬에서 조난된 유럽인의 한 끼 식사로 사라졌어요.

우리는 도도의 진짜 모습을 거의 몰라요. 박제 표본은 모두 유실돼 현재까지 전해지는 건 불타 버릴 뻔한 옥스퍼드 도도뿐이죠. 우리가 흔히 떠올리는, 회색에 배는 땅에 닿을 듯 뚱뚱한 모습은 1600년대 기록에서 비롯했고 1865년 『이상한 나라의 앨리스』의 삽화로 실리면서 굳어졌어요. 도도의 생태도 마찬가지예요. 남아 있는 과학적 기록이 거의 없어서 심지어 우리는 도도의 울음소리조차 알지 못하죠.

도도는 어리석은 새가 아니라 자기에게 주어진 환경에 완벽히 적응한 새였어요. 천적이라고 할 만한 동물이 없는 모리셔스섬에서 굳이 막대한 에너지를 소모하며 날아다닐 필요가 없었기 때문에 자연스레 비행 능력이 사라졌죠. 대신 덩치를 키웠어요. 덕분에 다양한 먹이를 먹으며 몸에 더 많은 양분을 비축할 수 있었고, 오랜 굶주림도 견딜 수 있었죠. 도도가 살아 있던 그때나 사라진 지금이나 우리는 편견 어린 시선으로만 도도를 바라봐요. 어리석은 건 도도가 아니라 우리인지도 몰라요. 그런 우리를 도도는 어떻게 바라봤을까요? 그 답은 영영 알 수 없겠죠.

우리는 여섯 번째 대멸종 시대를 살고 있어요.

이 책을 쓰던 중 상아부리딱다구리(*Campephilus principalis*) 멸종 선언이 있었어요. 1944년 미국에서, 1987년 쿠바에서 마지막으로 목격된 커다랗고 멋진 딱다구리는 인간의 사냥과 심각한 서식지 파괴로 멸종했어요. 상아부리딱다구리를 비롯해 23종이 지구에서 또 사라졌죠. 사람들은 멸종이 먼 과거에나 일어난 일이라 여기고는 해요. 하지만 그렇지 않죠. 멸종은 지금 이 순간에도 일어나고 있어요.

앞선 일어난 다섯 번의 대멸종이 갑작스러운 지구 환경 변화나 우주에서 온 물질 때문이었다면 여섯 번째 대멸종은 바로 우리 인간 때문에 일어나요. 자연스러운 멸종은 진화와 함께 매우 천천히 일어나기에 새로운 종이 나타나 멸종한 종으로 생긴 생태 공백을 메울 수 있어요. 하지만 인간 때문에 일어나는 멸종은 속도가 너무 빨라 생태 공백이 생기고 생태계는 단순해지죠. 그러다 결국 블록이 마구 빠진 젠가처럼 흔들리다가 붕괴하죠. 우리는 오랫동안 지구의 생명체를 물건처럼 여기며 마구 써 왔어요. 오로지 우리만의 풍요로운 삶을 위해 숲을 불태우고 강을 가로막고 바다를 메웠으며, 인간이 아닌 수많은 생명을 죽음으로 몰고 갔죠. 이런 행태는 기후 재앙을 일으켰고, 이는 결국 지구에 사는 수많은 생물뿐만 아니라 우리 삶까지도 위협하는 결과로 이어졌어요.

그런데도 아직까지 우리가 여러 자연 혜택을 누릴 수 있는 건 누군가 자연을 망가뜨리는 와중에도 또 누군가는 자연을 소중히 여기며 지켜 냈기 때문이에요. 우리에게는 환경을 파괴하는 힘이 있지만 다행스럽게 복원하는 힘도 있어요. 멸종 직전까지 갔던 캘리포니아콘도르와 채텀검은울새, 모리셔스황조롱이(*Falco punctatus*), 분홍비둘기(*Nesoenas mayeri*)를 구해 냈으며 프르제발스키말과 아라비아오릭스(*Oryx leucoryx*), 아메리카들소를 들판으로 돌려보냈죠. 매년 환경 보호 구역을 더 많이 지정하고, 산호초를 되살리고자 노력하며, 불이 난 숲에 다시 나무를 심어요. 지구를 공유하는 수많은 생명, 나아가 인류가 지구에서 더 오랫동안 살아남으려면 반드시 해야 하는 일들이죠.

그러기 위해 우리가 일상에서 실천할 수 있는 일은 무엇이 있을까요? 일상 소비를 조금 줄이고, 한 번 산 물건은 오래 사용해요. 일회용품 사용을 줄이고, 쓰레기는 꼭 분리수거하고요. 일주일에 한 번쯤은 채식을 해요. 풀 한 포기, 나무 한 그루를 소중히 여겨 주세요. 주변에 어떤 동물이 사는지 알아보고 그들을 도울 방법이 있는지 생각해요. 환경 이슈에 관심을 가져 주세요. 환경 이슈에 무신경한 기업 제품을 불매하고 환경 보호 정책을 추진하는 정치인에게 힘을 실어 주는 것도 방법이겠죠. 예술가라면 사람들이 환경 이슈에 관심을 가질 만한 작업을 할 수도 있겠고요. 환경 단체를 후원할 수도 있어요. 개개인이 하는 이런 노력이 지금 당장은 큰 의미가 없어 보일 수도 있어요. 하지만 이 작은 목소리가 모이고 모이면 큰 영향력을 발휘할 수 있어요. 한 가지 확실한 건 더 늦기 전에 행동해야 한다는 점이에요. 편지를 보낸 수많은 동물이 답장을 받기도 전에 사라지지 않도록 말예요. 더 늦어 버린다면 답장을 받지 못할 편지 속에는 우리 편지도 들어 있을지 몰라요.

모아보기

긴지느러미들쇠고래

커모드곰

아시아사향고양이

턱끈펭귄

카피바라

팀버방울뱀

북극고래

회색늑대

아메리카바닷가재

퓨마

티베트영양

남방큰돌고래

오리너구리

아메리카들소

유라시아수달

큰주홍부전나비

붉은점모시나비

사바나천산갑

나그네알바트로스

상괭이

갈기세발가락나무늘보

친링판다

바다이구아나

북극곰

POST CARD

금개구리

POST CARD

눈표범

POST CARD

코알라

POST CARD

이위

POST CARD

서인도매너티

POST CARD

크레스티드게코

POST CARD

아프리카사자

POST CARD

큰개미핥기

대서양투구게

쿼카

팔색조

바다코끼리

반달가슴곰

장수거북

회색머리날여우박쥐

아프리카치타

고라니

걸퍼상어

검은발족제비

이베리아스라소니

아프리카펭귄

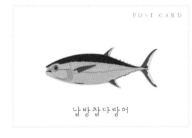

남방참다랑어

레서판다

채텀검은울새

벵골호랑이

코모도왕도마뱀

비늘발고둥

태즈메이니아데빌

산고릴라

푸른바다거북

아이아이

아프리카들개

하와이수도사물범

프르제발스키말

여울마자

해바라기불가사리

장완흉상어

양쯔강대왕자라

인드리

바키타돌고래

유럽햄스터

긴꼬리코뿔새

둥근귀코끼리

서인도양실러캔스

수마트라오랑우탄

리젠트꿀빨이새

페르난디나갈라파고스땅거북

유럽밍크

샌드타이거상어

러스티패치드뒤영벌

아무르표범

바하마동고비

자바로리스

금화상자거북

북부흰코뿔소

자바코뿔소

벨루가철갑상어

아홀로틀

사올라

양쯔강악어

사슴뿔산호

캘리포니아콘도르

오하우나무달팽이

파나마황금개구리

랩스청개구리

괌뜸부기

괌물총새

하와이까마귀

스픽스마카우

소코로비둘기

황금두꺼비

브램블케이멜로미스

POST CARD

바다사자

POST CARD

어행비둘기

POST CARD

태즈메이니아주머니늑대

POST CARD

캐롤라이나앵무

POST CARD

스텔러바다소

POST CARD

큰바다쇠오리

POST CARD

도도

국가생물적색자료집 제1권 조류(2019년 개정판), 국립생물자원관, 2019

국가생물적색자료집 제2권 양서류·파충류(2019년 개정판), 국립생물자원관, 2019

국가생물적색자료집 제3권 어류(2019년 개정판), 국립생물자원관, 2019

국가생물적색자료집 제4권 포유류(2020년 개정판), 국립생물자원관, 2021

군지 메구 지음, 이재화 옮김, 나는 기린 해부학자입니다, 더숲, 2020

김백준·이배근·김영준 지음, 한국 고라니, 국립생태원, 2016

김성수·서영호 지음, 한국나비생태도감, 사계절, 2012

데이비드 앨런 시블리 지음, 김율희 옮김, 새의 언어, 윌북, 2021

데이비드 쾀멘 지음, 이충호 옮김, 도도의 노래, 김영사, 2012

로타르 프렌츠 지음, 이현정 옮김, 그래도 그들은 살아있다, 생각의나무, 2002

롭 던 지음, 노승영 옮김, 바나나 제국의 몰락, 반니, 2018

루시 쿡 지음, 조은영 옮김, 오해의 동물원, 곰출판, 2018

마크 라이너스 지음, 이한중 옮김, 6도의 멸종, 세종서적, 2014

매슈 D. 러플랜트 지음, 하윤숙 옮김, 굉장한 것들의 세계, 북트리거, 2021

사라져가는 동물들, 내셔널지오그래픽, 2019.10

서재화 외 다수 지음, 한눈에 보는 멸종위기 야생생물(2017년 개정판),
　　　국립생물자원관, 2018

앨리스 로버츠 지음, 김명주 옮김, 세상을 바꾼 길들임의 역사, 푸른숲, 2019

엔도 키미오 지음, 이은옥 옮김, 한국 호랑이는 왜 사라졌는가, 이담북스, 2009

엔도 키미오 지음, 이은옥·정유진 옮김, 한국의 마지막 표범, 이담북스, 2014

엘리자베스 콜버 지음, 이혜리 옮김, 여섯 번째 대멸종, 처음북스, 2014

주강현 지음, 독도강치 멸종사, 서해문집, 2016

캐스파 핸더슨 지음, 이한음 옮김, 상상하기 어려운 존재에 관한 책, 은행나무, 2021

팀 플래너리 지음, 이한음 옮김, 자연의 빈자리, 지호, 2003

페터 볼레벤 지음, 강영옥 옮김, 자연의 비밀 네트워크, 더숲, 2018

프란스 드 발 지음, 이충호 옮김, 동물의 생각에 관한 생각, 세종서적, 2017

필립 드 보졸리 지음, 박지웅 옮김, 신비의 섬 작은 멋쟁이 크레스티드 게코,
　　씨밀레북스, 2019

Julian P. Hume, Extinct Birds, Bloomsbury Natural History, 2017

Josep Del Hoyo, All the Birds of the World, LYNX EDICIONS, 2020

Michael Walther(Author), Julian P. Hume(Illustrator), Extinct Birds of Hawaii, Mutual
　　Publishing, 2016

*참고한 웹 자료는 QR코드를 스캔하시면
　보실 수 있습니다.

"Here's a letter, here's a letter. For you, for you."

"Here's a letter, here's a letter. For you, for you."